Patent Analysis
& Technology Forecasting

특허분석과 기술예측

전성해 · 박상성 · 장동식 지음

실습데이터 제공
http://www.kyowoo.co.kr/patentanalysis

Patent Analysis
& Technology Forecasting

KYOWOO

머리말

Preface

최근 기술예측에 대한 교육 및 연구, 그리고 실무사용이 증가함에 따라 이를 위한 교재의 필요성이 나타나고 있다. 이 책은 저자들이 산업경영공학 및 기술경영학과에서 강의한 강의 자료와 그 동안의 연구결과를 바탕으로 특허분석과 기술예측에 대한 소개와 방법, 그리고 사례연구를 담았다. 전통적인 기술예측은 델파이(Delphi) 기법처럼 해당분야 전문가의 도움을 받아 미래기술을 예측하는 정성적(qualitative)접근방법에 의존하였다. 최근에는 특허, 논문, 웹 등 개발된 기술정보를 포함하고 있는 다양한 데이터 원천을 정량적(quantitative)으로 분석하는 기술예측방법도 함께 사용되고 있다. 특히, 특허는 출원기술에 대한 광범위한 법적 보호를 확보하기 위하여 개발된 기술에 대한 자세하고 정확한 정보를 포함하고 있기 때문에 특허분석은 기술예측을 위한 효과적인 방법이 된다.

이 책은 특허분석과 기술예측을 위하여 총 4개 장으로 구성되어 있다. 1장에서는 특허정보 분석과 기술예측에 대한 간략한 소개를 다룬다. 2장에서는 특허제도와 특허데이터에 대한 소개와 함께 정량적 특허분석을 위한 특허문서의 수집방법과 텍스트 마이닝을 이용한 특허문서의 전처리 방법에 대하여 설명한다.3장에서는 통계학과 기계학습 기반의 특허분석 기법들을 설명하고 있으며, 마지막으로 4장에서는 실제특허데이터를 이용하여 특정기술에 대한 기술예측과정을 단계별로 설명하였다. 독자는 1장에서부터 4장까지 순서대로 학습할 수도 있고, 좀 더 흥미로운 학습을 위하여 3장과 4장의 각 절을 동시에 보는 것도 유익할 것이다. 왜냐하면 3장에서 소개한 기법들을 이용하여 4장의 사례분석이 이루어졌기 때문이다.

이 책은 기술예측 분야를 처음 시작하는 학생 및 연구자 뿐만 아니라 이미 기술예측 분야에서 활동하고 있는 중견연구자에게도 유용한 정량적 특허분석 방법을 제시하려고 노력하였다.

또한 무료로 구할 수 있는 통계분석 프로그램인 R시스템을 이용하여 특허분석을 수행하였고, 이때 작성된 R 프로그램 코드도 함께 제공하고 있기 때문에 누구나 손쉽게 이 책에서 설명하고 있는 특허분석을 실습할 수 있을 것이다.

끝으로 이 책에 관심을 가져 주신 모든 분들께 감사 드립니다. 처음 출간되는 기술예측 책이기 때문에 부족한 점이 많이 있을 것입니다. 독자 분들께서 수정, 보완되어야 할 부분을 알려주신다면 모두 개정판 작업에 충실히 반영하겠습니다. 이 책이 출판되기까지 인내심을 갖고 도와주신 교우사의 대표님과 모든 분들께 감사드립니다.

저자 일동

차례

제4장 기술예측 사례분석 / 135

제 1 장 기술예측소개

Longman 영어사전에서 기술(technology)은 다음과 같이 정의되고 있다 (Longman, 1991).

> "Technology is a branch of knowledge dealing with scientific and industrial methods and their practical use in industry; practical science."

즉, 기술은 사회의 산업발전과 생산에 응용되는 지식의 집합체로 정의될 수 있다 (박우희, 2002). 우리는 기술을 통하여 사회에서 필요한 새로운 것(제품, 서비스, ……)을 개발하고 이를 통하여 사회, 경제적 발전을 이루게 된다. 이제는 기술을 제외한 사회, 경영, 경제 등은 설명하기 어려운 시대가 되었다. 그러므로 기술사회학, 기술경영학, 기술경제학 등의 중요성은 계속해서 높아지고 있다. 혁신적인 기술을 바탕으로 새로운 상품을 개발하고 시장에서 경쟁력을 키워나가야 하는 기업의 입장에서 기술에 대한 중요성은 절대적이다. 기술에 대한 이와 같은 중요성은 한 국가의 경제발전에도 예외는 아니다. 기술에 대한 연구, 개발의 결과로 나타나는 특허는 기업 간 기술경쟁의 대상이 되고 있다. 삼성, 애플 등 지금도 수 많은 기업들이 서로의 기술에 대한 특허침해 여부를 법정에서 다투고 있다. 이는 연구개발(R&D)을 위한 기술경영의 중요성에 대한 필요성을 보여주는 사례이다. 앞으로 필요하게 될 기술을 먼저 개발하여 특허등록을 마치게 되면 그 만큼 기업 경쟁력을 높아지게 된다. 이를 위해서 미래 기술에 대한 예측은 점점 더 중요한 기술경영의 이슈가 되고 있다.

먼저 기술예측을 포함한 예측의 개념에 대하여 알아본다. Bowerman, O'Connell, 그리고 Koehler는 자신들의 저서에서 예측(forecasting)에 대하여 다음과 같이 정의하고 있다 (Bowerman, et. al., 2005).

> "Predictions of future events and conditions are called forecasts, and the act of making such predictions is called forecasting."

즉, 예측(forecast)은 미래의 특정 사건이나 상태를 현재까지 관측된 데이터의 분석, 또는 전문가의 경험을 이용하여 예측(predict)하는 것이다. 과거의 단순한 사회구조에서는 현재 주어진 문제를 해결하기 위하여 의사결정이 이루어지지만, 사회구조가 복잡해질수록 기업, 정부, 등 대부분의 조직에서는 예측(forecasting)을 통한 의사결정 과정을 매우 중요하게 여기고 있다. 정부는 장, 단기적인 국가전력수요를 예측하여 매년 발생하는 전력난 문제를 해결하려고 노력한다. 이 밖에도 실업과 인플레이션 등을 예측하여 국가경제정책을 세우고 실행해 나가는데 유용하게 사용한다. 기업 입장에서도 기업경영과 관련된 다양한 문제에 대한 의사결정을 위하여 예측을 필요로 한다. 예를 들어 상품에 대한 전체구매력에 대한 예측을 통해 재고관리에 대한 구체적인 계획을 세울 수 있다. 또한 현재뿐만 아니라 미래에 필요한 기술을 예측하여 이에 대한 효과적인 연구개발 전략을 마련하게 된다. 이 책에서 다루는 예측대상이 되는 기술(technology)은 물리적, 사회적 환경의 구성요소들을 변화시키고 관리하기 위하여 사용되는 체계적인 지식으로 정의할 수 있다 (Roper, et. al., 2011).

기술은 사회(society)를 변화시키는 가장 근원적인 요인이다. 또한 사회는 기술의 개발과정에 직접적으로 영향을 끼친다. 기술과 사회의 상호작용에 의해 인류는 지금까지 발전해 오고 있다. 국가와 기업은 빠르게 변화하는 기술에 대하여 적절히 대응해야만 살아남을 수 있는 세상이 되었다. 특히 경영자는 현재 시점에서 앞으로 출현할 기술(emerging technology)을 성공적으로 파악하고 예측해야 한다. 예측의 일반적인 정의를 바탕으로 기술예측(technology forecasting)을 정의될 수 있다. 즉, 기술예측은 특정 기술분야에 대한 미래의 상태(future state or aspect)를 예측하는 것이다. 기술경영(management of technology, MOT)의 관점에서 기술예측은 기능적인 능력, 실현시기, 그리고 물리적, 사회적 중요성에 대한 기술의 변화에 중점을 둔다. 미래도 지금까지와 같은 상황이라고 가정하는 일반적인 예측과 마찬가지로 기술예측도 과거의 경험을 바탕으로 현재 시점에서 미래의 기술패턴을 찾아내는 것이다. 하지만 기술예측에서는 전통적인 예측의 일반적인 가정이 만족되지 않는 경우가 많다. 왜냐하면 미래의 환경이 지금까지의 기술환경과 비슷할 것이라는 가정을 만족하기에는 어려움이 있기 때문이다. 미래에 필요한 새로운 기술의 예측을 위하여 고려해야 할 많은 요인들(factors)이 존재하기 때문에 전통적인 예측기법을 그대로 이용하기에는 많은 어려움이 있다. 결론적으로 기술예측은 매우어려운 작업이지만, 동시에 꼭 필요한 작업이다. 성공적인 기술예측은 기업의 연구개발 계획에서부터 신상품개발, 기술마케팅에 이르기까지 기업의 기술경영에 대한 확실한 방향을 제시할 수 있기 때문이다. 기술예측은 기업과 시장환경에서 새롭게 출현하는 기술에 대한 영향력을 평가할 수 있는 도구가 된다. 현재 기술예측을 위한 접근방법은 크게 3가지로 나누어진다. 첫 번째로 정성적(qualitative) 기술예측 방법이 있다. 주로 델파이(Delphi)와 같이 전문가의 지식과 경험에 의존한 기술예측 접근방법이다. 두 번째로 정량적(quantitative) 기술예측 방법이 있다. 대표적인 정량적 기술예측은 특허분석(patent analysis)이다. 마지막으로 정성적 방법과 정량적 방법을 결합한 결합적 기술예측 방법이 있다. 예를 들어 특허분석 결과를 이용한 델파이 기술예측이 이에 해당한다.

1.1 정성적 기술예측

기술예측의 복잡한 과정을 정성적, 또는 정량적 접근방법으로 단순하게 구분할 수는 없다. 하지만 어느 접근방법에 더 관심을 갖고 기술예측을 수행하느냐에 따라 방법과 결과에 차이가 있게 된다. 지금까지 대부분의 기술예측은 시나리오 분석(scenario analysis), 델파이와 같은 정성적 방법에 의존해 왔다. 이와 같은 기술예측은 기업보다는 국가기관에서 공공부문의 장기적으로 새로운 기술의 추세와 출현에 대하여 예측하기 위하여 사용되었다. 대표적인 정량적 기술예측 방법인 델파이는 1950년대 미국의 RAND 연구소에서 국방분야의 결과예측을 위하여 개발되었다. 예를 들어, 특정 군사력에 기반한 공격에 대한 결과를 미리 알고자 하는 목적으로 델파이 방법이 개발되었다.

기술예측을 위한 델파이는 다음과 같이 정의할 수 있다.

> "기술예측이 필요한 특정기술분야의 전문가 집단에게 해당기술분야의 미래 상태에 대한 반복적인 의견조사를 통하여 궁극적으로 합의된 예측결과를 얻는 과정"

이때 반복적인 의견조사는 반드시 필요하다. 일반적으로 최초에 얻게 되는 전문가 집단의 의견에 대한 편차가 크다. 해당기술에 대한 전문가 집단의 예측결과를 요약하여 두 번째 의견조사에 앞서 각 전문가에게 알려주고 다시 의견조사를 수행한다. 이때에는 전문가 마다 전체 기술예측결과를 반영한 의견을 나타내게 된다. 상대적으로 첫 번째 의견조사 때보다 각 전문가의 예측결과에 대한 편차가 줄어들게 된다. 세 번째 의견조사 때에는 두 번째 기술예측의 결과를 전체 전문가 집단에 제공한 후에 기술예측을 위한 의견조사가 이루어진다. 이와 같은 과정을 반복하면서 전체 전문가 집단의 의견을 통합하는 기술예측 결과를 얻게 된다. 하지만 반복된 의견조사를 위한 시간과 노력에 대한 비용이 많이 발생하게 된다. 또한 특정 기술에 가장 적합한 전문가를 찾는 것은 쉬운 문제가 아니다. 처음에 기술예측에 참가했던 전문가가 반복된 의견조사 과정에서 탈락하는 경우도 발생하기 때문에 기술예측이 끝날 때가지 전문가 집단의 관리문제도 세심하게 이루어져야 한다. 물론 반복된 의견조사 과정에서도 합의된 기술예측 결과를 얻지 못하게 되는 경우도 발생한다.

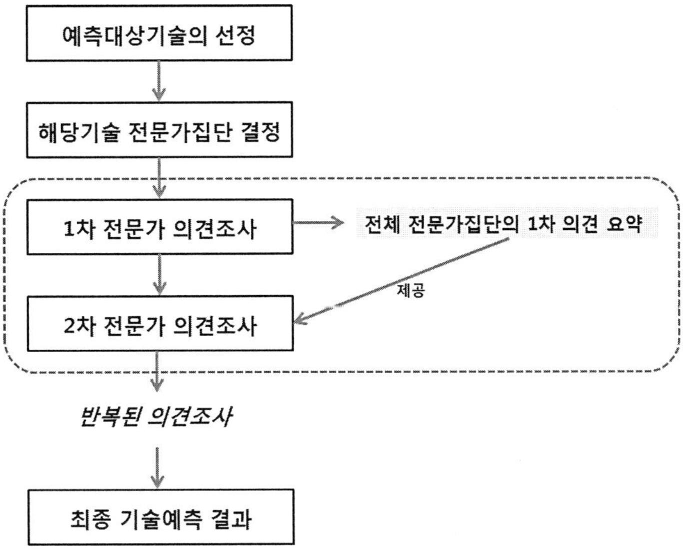

[그림 1.1] 델파이를 이용한 기술예측 절차

따라서 사용된 노력과 비용에 비해 기술예측의 결과에 대한 효과가 많지 않을 수도 있다. 이 문제를 해결하기 위하여 델파이와 특허분석을 결합한 기술예측방법에 대한 연구도 이루어지고 있다(Jun, et. al., 2013).다음 그림은 델파이 기술예측 과정을 나타내고 있다.

위 그림은 기술예측의 대상이 되는 기술의 선정부터 최종 기술예측의 결과를 얻기까지의 전 과정을 표현하고 있다. “반복된 의견조사” 단계는 점선에 포함된 전문가 의견조사 과정이 합의된 결론이 도출될 때가지 반복됨을 의미한다. 일반적으로 2~3번의 반복과정(round)을 통하여 델파이 기술예측을 마무리 하게 된다. 기술에 대한 장

기예측뿐만 아니라 기업에서는 5년 이내의 단기 기술예측에 대한 필요성도 제기된다. 왜냐하면 R&D 기획단계에서 미래기술에 대한 예측결과는 매우 귀중한 정보가 된다. 불필요한 기술개발을 피하고 기업 경쟁력을 향상시킬 수 있는 기술에 대한 연구, 개발이 가능하게 되기 때문이다. 다음 절에서 설명되는 정량적 기술예측 방법은 장기적 기술예측뿐만 아니라 단기적 기술예측에도 효과적인 예측결과를 얻을 수 있다.

1.2 정량적 기술예측

효과적인 기술예측을 위해서 먼저예측대상기술에 대한 충분한 이해가 필요하다. 왜냐하면, 기술의 성장은 기술이 속한 환경 속에서 정치, 경제, 사회적 영향을 받기 때문이다. 이와 함께 대상기술과 경쟁관계에 있는 유사기술에 대한 분석도 필요하다. 하나의 기술은 또 다른 기술의 개발과 보급에 직・간접적으로 영향을 받으면서 로지스틱 성장곡선(logistic growth curve)을 따라 진화한다(Roper, et. al., 2011). 기술이 S 형태의 성장곡선을 따르는 이유는 궁극적으로 새로운 기술은 신상품(new product)으로 구현되기 때문이다. 일반적으로 새로운 기술이 출현할 때에 기술의 성장곡선은 천천히 증가하는 형태를 갖게 되지만, 일단 해당기술의 완성되어 안정화 단계에 접어들면 이 기술은 신상품으로 빠르게 성장하여 변곡점(inflection point)을 거쳐 이후 천천히 성장하는 성숙화(maturity) 단계에 접어들게 된다. 마지막으로 해당기술의 가치가 떨어지면서 사용도 점차 감소하게 된다. 따라서 단계별 기술관리에 대한 기업의 전략도 달라져야 한다. 신상품의 성장곡선에서 대체할 수 있는 새로운 상품의 개발은 해당상품의 변곡점 이후, 성숙화 단계 이전에 이루어져야 하지만, 기술개발은 새로운 기술이 출현되는 시점에 이미 이를 대체할 수 있는 더욱 새로운 기술의 개발이 이루어져야 한다. 특히, 기술예측은 이보다도 더 이전 단계에서 이루어 져야 한다. 결론적으로 기업의 기술예측에 대한 수행시점은 그 단계를 따로 정하기 어려울 정도로 빠르게 진행되어야 하며, 또한 연속적으로 이루어져야 한다. 이와 같은 기술예측 과정에서는 장기적 기술예측뿐만 아니라 단기적 기술예측도 매우 중요하게 다루어지기 때문에 이에 대한 대비가 필요하다.

기술예측에 대한 작업은 매우 어렵고, 또 항상 정확한 예측결과를 얻을 수 있는 것은 아니다. 그러나 기술예측 과정에서 목표기술에 대한 객관적인 정보의 수집, 분석, 그리고 해석을 통하여 기업의 R&D 전략을 위한 일정수준 이상의 가치 있는 지식을 얻게 된다. 물론 정확한 예측결과를 얻게 되면 가장 좋겠지만, 애초부터 해당기술에 대한 충분한 정보를 구하는 것이 일반적으로 어렵기 때문에 가능한 한 다양한 통계분석기법의 결과들을 종합하여 기술예측을 수행한다면 좀 더 의미 있는 결과를 기대할 수 있을 것이다. 기업은 기술예측을 통하여 R&D 자원의 효율적 배분, 연구조직의 관리, 신상품 개발계획의 수립 등 기업의 기술경쟁력 강화에 기여할 수 있다. 이와 같은 정량적 기술예측을 위한 효과적인 접근방법으로 특허분석(patent analysis)이 있다. 특허분석은 특정기술에 대한 개발결과를 포함하는 특허문서를 수집하고, 이를 분석하여 기술에 대한 유용한 정보를 추출하는 작업이다. 그러므로 특허분석의 결과를 이용하여 효과적인 기술예측을 수행할 수 있게 된다. 특허는 출원한 국가로부터 일정 기간 동안 발명자의 기술에 대한 배타적 권리(exclusive right)가 법률적으로 보호되는 지식재산(intellectual property, IP)이다 (Hunt, et. al., 2007). 하나의 특허문서에는 특허번호, 출원날짜, 공개날짜, 발명자, 출원인, 특허제목 및 요약, 청구항, 도면, 인용정보 등 개발된 기술에 대한 많은 정보를 포함되어 있다. 모든 항목들은 특허분석에서 사용될 수 있다. 처음부터 특허분석이 기술예측을 위한 방법론으로 사용되지는 않았다. 1970년대부터 본격적으로 논의된 기술예측에 대한 방법론은 한 동안 해당분야의 전문가에 의한 주관적 경향분석과 델파이(Delphi)에 의존했었다 (Roper, et. al., 2011). 그러나 새롭고 복잡한 기술들이 쏟아지면서 이와 같은 예측방법은 한계에 부딪쳤다. 전문가 집단의 지식과 경험은 한계가 있기 때문이다. 따라서 전문가의 경험적 지식뿐만 아니라 기술정보에 대한 정량적인 분석을 통한 객관적 기술예측의 여러 시도들이 나타나게 되었다 (Roper, et. al., 2011). 이와 같은 객관적 기술예측의 가장 일반적인 접근방법 중 하나가 특허분석이다. 특허데이터의 분석을 통한 기술예측의 일반적인 절차는 다음과 같다.

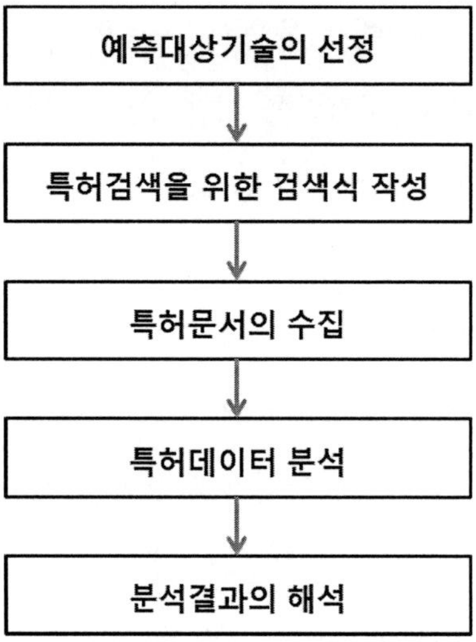

[그림 1.2] 특허분석을 이용한 기술예측 절차

우선 예측의 대상이 되는 기술을 선정한다. 선정된 기술을 가장 잘 나타낼 수 있는 키워드를 추출하여 검색식을 만들고 이를 이용하여 전세계의 특허데이터베이스(patent databases)로부터 특허문서를 수집한다. 검색된 특허문서 데이터는 전 처리 과정(preprocessing)을 거쳐 통계적 기법들에 의해 분석된다. 최종적으로 얻게 되는 분석결과를 이용하여 기술예측이 이루어진다. 특허지도(patent map) 등에서 현재 많이 사용되고 있는 특허분석 방법에는 빈도분석(frequency analysis), 인용분석(citation analysis), 시각화(visualization) 등이 있다. 이것들은 대부분 기술통계학(descriptive statistics)에 기반하고 있다. 즉, 특허지도는 특허문서에 나타난 서지, 기술, 권리 정보 등을 그래프, 차트 등의 시각화와 빈도, 인용도 등의 요약화를 이용하여 기술지도를 만든 것이다. 기술통계학에 기반한 특허지도는 예측을 위한 사용에는 한계가 있다. 이에 비해 예측에 초점이 맞추어진 추론통계학(inferential statistics)에 기반한 특허분석은 기술예측을 위한 좀 더 다양한 정보를 제공한다. 시계열분석(time series analysis), 회귀분석(regression), 베이지안 네트워크(Bayesian networks) 모형 등을 이용한 기술예측이 대표적인 추론통계학 기반이다. 예를 들어, 특허문서에 포함된 키워드 데이터에 주성분분석(principal component analysis, PCA)과 텍스트마이닝(text mining) 기법을 적용하여 신상품 개발을 위한 새로운 기술의 발견과정에 대한 연구도 이루어지고 있다 (Lee, et al., 2009). 군집분석과 매트릭스분석을 이용하여 특정 분야에 대한 공백기술을 예측하는 연구도 진행 중에 있다 (Jun, et al., 2012). 특허정보에 대하여 형태분석(morphology analysis)과 컨조인트분석(conjoint analysis)을 결합한 하이브리드 접근방법을 이용한 새로운 기술예측방법론에 대한 연구도 이루어지고 있다(Yoon and Park, 2007). 이와 같이 통계학과 기계학습의 데이터마이닝 기법들을 이용한 특허분석에 대한 연구가 2000년대 후반부터 활발하게 진행되고 있다. 특허분석의 결과는 기술예측, 기술로드맵(roadmap), 특허경영, R&D 전략수립 등 다양한 분야에서 사용된다. 특허분석 이외에도 정량적 기술예측 방법으로 논문(paper), 기사(article) 등을 분석하는 다양한 출판물 분석(bibliometrics) 기법들이 있다. 이 책에서는 기술예측을 위한 특허정보의 분석에 대하여 자세히 다룬다.

1.3 결합적 기술예측

델파이로 대표되는 정성적 예측방법은 주로 장기적인 기술예측에 초점을 맞추고 있다. 또한 해당기술전문가의 경험과 지식에 반영되어 현실성 있는 미래기술을 찾을 수 있는 장점이 있다. 하지만 전문가의 개인적 견해가 반영되기 때문에 예측결과가 주관적이 될 수 있고 전문가 집단의 합의된 예측결과를 도출하는 데 어려움이 있다. 이에 비해 특허분석과 같은 정량적 예측방법은 특허데이터를 대상으로 통계학의 정량적 분석방법을 이용하여 객관적인 기술예측 결과를 얻을 수 있다. 하지만 특허분석에 의한 기술예측 결과에 대한 실제적인 해석을 위해서는 전문가의 도움이 필요하게 된다.

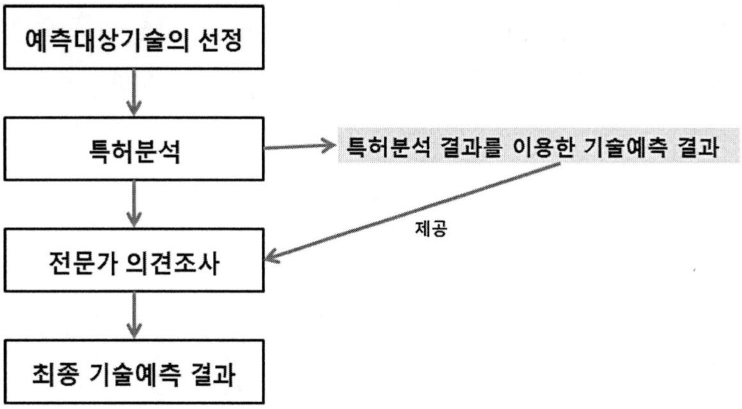

[그림 1.3] 델파이와 특허분석을 이용한 기술예측 절차

그러므로 이 절에서 설명하는 결합적 기술예측 방법은 정성적 기술예측과 정량적 기술예측 방법들을 장점을 결합하여 기술예측 결과의 객관적 신뢰성과 현실성을 확보할 수 있게 된다. 다음 그림은 델파이와 특허분석을 이용한 결합적 기술예측 절차를 나타내고 있다.

즉, 기술예측을 위한 대상기술이 선정되면 먼저 해당기술과 관련된 특허를 검색하여 통계적 분석기법으로 분석하고 이 결과를 전문가 집단에게 제공한 후 전문가의 의견을 얻는다. 이 때 델파이와 다른 점은 한 번의 전문가 의견조사로 기술예측을 마무리 하는 것이다. 해당기술에 대한 특허분석 결과를 사전에 제공하기 때문에 기술예측 결과에 대한 편차를 줄일 수 있게 된다.

2장에서는 특허와 특허문서에 대한 전반적인 설명이 이루어진다. 또한 본격적인 특허분석에 앞서 통계학과 기계학습 알고리즘에 적합한 구조화된 데이터를 구축하기 위한 전처리(preprocessing) 과정에 대하여 설명한다. 기존의 데이터마이닝에서 사용되는 다양한 전처리 기법들 중에서 특허문서의 전처리과정에서 주로 사용되는 텍스트마이닝(text mining)과 차원축소(dimension reduction) 기법에 대한 설명이 이루어 진다. 본격적인 특허분석 방법에 대한 설명은 3장에서 소개된다. 실제로 기술예측을 위한 특허분석에 사용될 수 있는 기법을 중심으로 설명이 이루어진다. 키워드와 IPC(International Patent Classification) 코드를 이용한 특허문서의 군집화, 연관성 규칙(association rules)등정량적 데이터분석모형에 기반한 기술추세분석(technological trend analysis), 그리고 최근에 다양한 분야에서 사용되고 있는 사회네트워크분석(social network analysis SNA)을 이용한 기술네트워크(technology network) 등에 대하여 설명한다. 또한 이 책의 특허데이터분석을 위해 사용된 분석 소프트웨어인 R 시스템에 대한 설명도 추가하였다. 마지막으로 4장에서는 2장과 3장에서 다룬 전처리 방법과 분석기법을 이용하여 특정 기술분야의 실제특허데이터를 대상으로 한 몇 가지 사례들에 대한 설명을 다룬다.또한 독자들도 손쉽게 기술예측을 위한 특허분석을 실습해 볼 수 있도록 R 시스템을 이용한 구체적인 특허분석을 위한 R코드도 함께 다루었다. 따라서4장의 사례연구를 통하여 독자들은 자신들의 관심분야에서 필요한 기술에 대한 예측작업을 실제로 수행할 수 있게 될 것이다.

학습정리 1장

1. 델파이를 이용한 기술예측은 해당기술 전문가 집단으로부터 반복적인 의견조사를 통하여 이루어진다.

2. 델파이 기술예측은 해당기술 전문가 집단의 경험과 지식에 기반하기 때문에 현실성 있는 기술예측결과를 기대할 수 있지만, 각 전문가의 개인적 의견에 의존하기 때문에 기술예측의 결과가 주관적일 수 있고 전문가들 사이에 예측결과에 대한 편차가 클 수 있다.

3. 특허분석을 이용한 기술예측은 해당기술과 관련된 특허데이터를 수집하여 다양한 통계분석기법을 이용하여 해당기술의 미래 상태를 알아낸다.

4. 특허분석에 의한 기술예측은 객관적 기술관련 데이터인 특허문서를 이용하여 정량적 데이터분석 기법을 이용하기 때문에 델파이에 비해 예측결과에 대한 객관적 해석이 가능하다.

5. 정성적 기술예측과 정량적 기술예측을 결합하여 보다 객관적이고 현실성 있는 기술예측 결과를 얻을 수 있다. 예를 들어, 특허분석의 결과를 이용한 델파이 의견조사를 통하여 이와 같은 결합적 기술예측을 수행할 수 있다.

연습문제 1장

1. 전문가의 경험과 지식에 근거한 장기 기술예측에 적합한 기술예측 기법은 무엇인가?

2. 특허분석에 의한 기술예측의 장, 단점에 대하여 설명하시오.

3. 델파이에 의한 기술예측의 장, 단점에 대하여 설명하시오.

4. 결합적 기술예측의 예를 찾아서 설명하시오.

제2장 특허와 특허분석

특허(patent)는 발명자에 의해 제안(출원, 등록)된 발명에 대해서 법적으로 보장된 배타적인 권리(exclusive right)를 일정기간 동안 보장하는 것이다. 특허법은 이와 같은 발명에 대한 결과를 적극적으로 보호하고 장려함으로써 기술의 발전을 촉진하고 산업발전에 기여함을 목적으로 한다. 특허제도는 정해진 기간 동안 발명자가 발명한 것에 대해 독점할 수 있는 권리를 부여하여 연구개발을 증진할 수 있는 동기를 부여하고 이에 함께 발명된 기술이 공개되어 관련 기술의 발전이 촉진되고 나아가 산업, 경제발전을 이루기 위한 지향점을 가지고 있다.

2.1 특허데이터의 이해

2.1.1 특허명세서

특허명세서는 기술문서(technology description, TD)로 특허에 관한 모든 설명을 포함하고 있다. 즉, 특허명세서는 발명자가 특허청에 자신의 발명을 출원할 때 발명의 결과에 대한 상세한 내용을 기술한 문서를 의미한다. 공개된 출원 특허명세서는 일반인에게 특허출원서와 함께 공개되는 기술문헌자료로서 특허청의 등록심사에서 설명

서로 사용되고 동시에누구나 참고자료로 활용할 수 있다. 특허청에서는 등록심사를 위하여 정해진 양식에 따라 명세서를 작성하도록 특허법으로 요구한다. 일반인들은 참고자료로 명세서를 활용하여 새로운 아이디어를 얻기도 하고, 특허침해 여부를 확인 할 수도 있다.특허의 소유권자는 특허를 통하여 법적으로 청구항 범위내에서 발명을 보호받을 수 있고 독점권을 부여받는다. 특허법에 따라 특허명세서를 작성할 때발명에 대한 신규성과 진보성을 입증할 수 있어야 하기 때문에 개발된 기술에 대한 내용을 최대한 자세히 나타내야 한다. 즉, 발명의 명칭, 기술분야, 배경기술, 발명의 내용, 특허청구범위, 요약서, 도면등의 형식을 갖추어 적극적으로 기재해야 한다. 특히 특허청구범위 부분에서는 발명의 권리를 효과적으로 보장 받기 위하여 발명에 대한 분명하고 상세한 설명이 포함되어야 한다. 특허명세서의 권리범위는 발명의 내용을 충실하게 표현하고, 발명의 기술적 아이디어에 근거하여 발명이 미칠 수 있는 권리범위를 가능한 한 넓게 설정해야 한다. 그러므로 하나의 특허문서에는 개발된 기술에 대한 충분한 정보를 포함하고 있기 때문에 정량적 특허분석을 통하여 효과적인 기술예측을 수행할 수 있게 된다. 일반적으로 특허명세서는 다음과 같이 구성된다.

[명세서]

[발명의 명칭]

: 발명의 간단한 명칭을 표시한다.

[발명의 상세한 설명]

: 발명이 속하는 기술분야에서 통상의 지식을 가진 자가 용이하게 실시할 수 있을 정도로 발명을 기재하여야 한다(특허법 제 42조 제 3항).

[기술분야]

[배경기술]

[발명의 내용]

[해결하고자 하는 과제]

[과제 해결 수단]

[효과]

[도면의 간단한 설명]

[발명의 실시를 위한 구체적인 내용]

[실시 예]

[산업상 이용 가능성]

[특허청구범위]

: 권리문서의 역할을 한다.

[청구항 1]

[청구항 2]

… …

[요약서]

: 서지기능으로서 출원의 분류, 정리, 검색 등에 이용된다.

[도면]

: 필요한 경우에 작성하나 실용신안은 도면을 필수로 한다.

2.1.2 특허데이터의 수집

과거에는 특허정보 조사자가 특허문서를 수작업으로 검색하여 일일이 눈으로 확인하면서 작업을 수행하였으나 최근에는 특허정보 조사를 위한 온라인검색이 가능해짐에 따라 편리하고 신속한 특허데이터의 수집이 가능하게 되었다. 최근 여러 특허검색 데이터베이스에서 고급검색을 비롯한 다양한 부가서비스를 제공함으로써 사용자의 요구사항에 적합한 특허데이터를 수집할 수 있게 되었다. 특허데이터의 수집을 위하여 전문검색 사이트를 이용하기 전에 해당 사이트에서 제공하는 데이터베이스의 특징, 성격, 범위, 검색방법 등을 미리 숙지하면 원하는 특허데이터의 수집이 좀 더 쉽게 이루어 질 것이다. 또한 조사의 목적과 범위 등을 고려하여 전문검색 사이트를 선택해야 한다. 만약, 추출하여야 할 데이터의 양이 적거나 중요도가 낮다면 해당 국가의 특허청에서 제공해주는 무료 데이터베이스를 활용하면 되고, 데이터의 양이 많고 중요성이 높아 복잡한 쿼리로 검색을 해야 한다면 부가기능이 많은 유료 특허데이터베이스 사이트를 이용하는 것이 효과적이다. 특허데이터의 수집을 위한 대표적인 특허데이터베이스는 다음과 같다.

KIPRIS(http://www.kipris.or.kr)

WIPSON(http://www.wipson.com)

ACCLAIMIP(https://www.acclaimip.com)

물론 위의 검색 데이터베이스 이외에도 매우 다양하고 효과적인 특허데이터베이스가 전세계에 존재한다. 사용자는 자신에게 가장 적합한 특허데이터 수집 방법을 선택하면 된다.

■ KIPRIS를 이용한 특허정보검색

KIPRIS(Korea Intellectual Property Rights Information Service)는 한국특허정보원에서 산업재산권(상표, 실용, 디자인, 특허)에 관한 정보를 데이터베이스화하여 무료로 검색이 가능하도록 한 국내 최대의 특허전문 검색 사이트이다. KIPRIS의 특허데이터베이스는 국내의 산업재산권 정보에 대한 초록, 서지사항, 전문명세서 등 전체결과를 포함하고 키워드 검색, 각종번호(공고, 등록, 우선권번호, 출원, 공개) 검색, 출원인이나 발명자 검색, IPC(국제특허분류)코드 검색, 디자인 및 상표검색 등 다양한 방법으로 특허데이터의 수집을 가능하게 해 준다. 다음 그림은 KIPRIS의 초기화면이다.

[그림 2.1] KIPRIS 초기화면

초기화면은 기본적으로 메뉴바와 검색상자, 그리고 유용한 검색을 위한 검색가이드 메뉴 등으로 구성되어 있다. 검색을 위해서 (그림 2.2)와 같이 메뉴바의 'Search' 메뉴에서 특허 · 실용신안, 디자인, 상표 등 찾고자 하는 분야를 선택한 후 검색을 하거나 검색상자 왼쪽의 권리분야 리스트에서 찾고자 하는 분야를 선택한 후 검색어를 입력하여 검색을 진행할 수 있다.

[그림 2.2] KIPRIS 검색상자

KIPRIS에서는 키워드를 통한 검색 방법에서 다음과 같은 연산이 제공된다.

1. 연산자 : KIPRIS에서는 연산자를 조합하여 검색하고자 하는 목적에 맞게 검색조건을 결정할 수 있다. KIPRIS에서 제공되는 연산자는 다음 표와 같다.

〈표 2.1〉 KIPRIS 연산자

구분	연산자	사용예	상세설명
OR	+	핸드폰+휴대폰	핸드폰과 휴대폰 중 하나라도 포함하는 것을 검색
AND	*	휴대폰*카메라	휴대폰과 카메라를 모두 포함하는 것을 검색
NOT	!	레이저*포인터! 펜	레이저와 포인터는 포함하지만 펜은 포함하지 않는 것을 검색
NEAR	·	카메라·2핸드폰	카메라와 핸드폰이 2개 이하의 단어를 사이에 두고 인접해 있는 경우를 검색

2. 구문검색 기능 : KIPRIS에서는 발명의 명칭, 요약, 청구범위 내에서 구문검색 기능을 제공하는데 이 경우 이중인용부호 (“ ”)를 사용한다. 예를 들어 “휴대폰 케이스”를 검색할 경우, “”안의 구문인 휴대폰 케이스를 그대로 포함하고 있는 것을 검색한다.
3. 자동절단 기능 : KIPRIS에서는 검색시 자동절단 기능을 제공한다. 예를 들어, 전화기를 검색할 경우 유선전화기, 무선전화기, 전화기 제조법 등을 모두 검색한다.
4. 공백값 처리 : 검색시 키워드들 사이에 공백값이 포함될 경우 공백값은 제거되고 검색이 실행 된다. 예를 들어 “무선 전화기”로 검색하면 “무선전화기”와 같은 결과가 나온다.

위와 같은 KIPRIS의 검색방법들을 적절히 조합하여 사용하면 각 사용자에게 필요한 특허데이터를 효율적으로 수집할 수 있다.

다음은 키워드를 이용한 검색 방법이다.KIPRIS에서는 일반검색기능과 스마트검색기능을 제공한다. 특허문서를 수집하기 위하여 메뉴바의 'Search'메뉴에서 '특허・실용신안'을 클릭한다. 일반검색은 특허・실용신안의 첫 화면에서 간단한 단어나 연산식 등을 입력하여 원하는 특허데이터를 쉽게 검색할 수 있다. 일반검색기능을 이용할 때에는 먼저 검색목적에맞게(그림 2.3)의 좌측메뉴에 나타난 권리구분, 정렬, 행정처분항목을 설정한다. 그리고 검색상자의 연산자를 이용하여 단어들를 조합하여 입력하고 검색버튼을 클릭한다. (그림 2.4)는 권리구분에서 특허만 선택한 후 검색상자에 "(휴대폰+핸드폰)*(덮개+케이스)"를 입력한 결과이다.

[그림 2.3] KIPRIS 일반검색

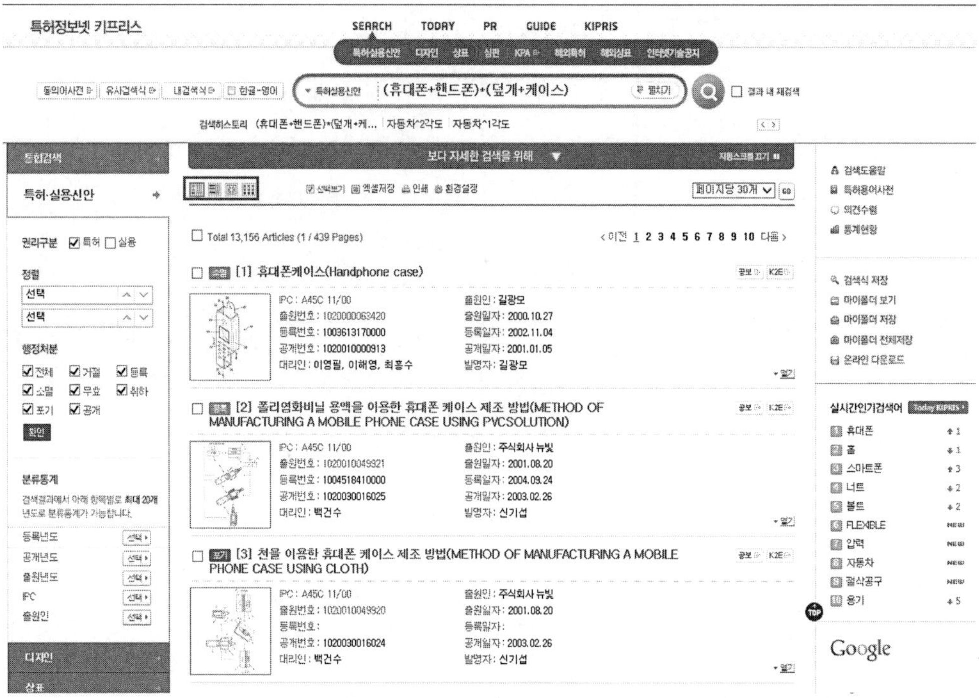

[그림 2.4] KIPRIS 일반검색결과

(그림 2.4)에서 보는 바와 같이 검색된 특허의 필수정보들이 한눈에 들어오도록 검색결과를 제공한다. 검색결과의 좌측상단에 있는 '선택보기' 메뉴를 통해 이미지, 초록, 대표도면 등을 선택하여 볼 수도 있다. 검색 후에도 좌측메뉴의 옵션들을 활용하여 검색결과를 필터링하거나 정렬할 수 있다.

KIPRIS에서는 단어검색기능 외에 항목별 검색이 가능한 스마트검색기능을 추가로 제공한다. 스마트검색을 통해 해당 검색항목에 검색하고자 하는 키워드나 범위를 입력하고 검색한다. 스마트검색 창은 다음의 (그림 2.5)와 같다.

(그림 2.5)에서 각 항목별 검색 창에 사용될 키워드를 입력하고 'AND'와 'OR' 조합을 선택할 수 있으며 각 검색 창 내에서 단어검색과 같이 다양한 연산자를 조합할 수도 있다. 또 자유검색 창에서는 발명의 명칭(TL), 초록(AB)와 같은 여러 검색항목을 연산자 조합과 함께사용하면 더욱 효과적인 검색을 수행할 수 있다. 다음 그림은 휴대

폰 케이스 제조법에 관한 국내 특허를 검색하기 위하여 자유검색 창에 『TL=[(휴대폰+핸드폰)*(덮개+케이스)]*AB=[제조*생산]』의 검색식을 입력하는 과정을 보여준다.

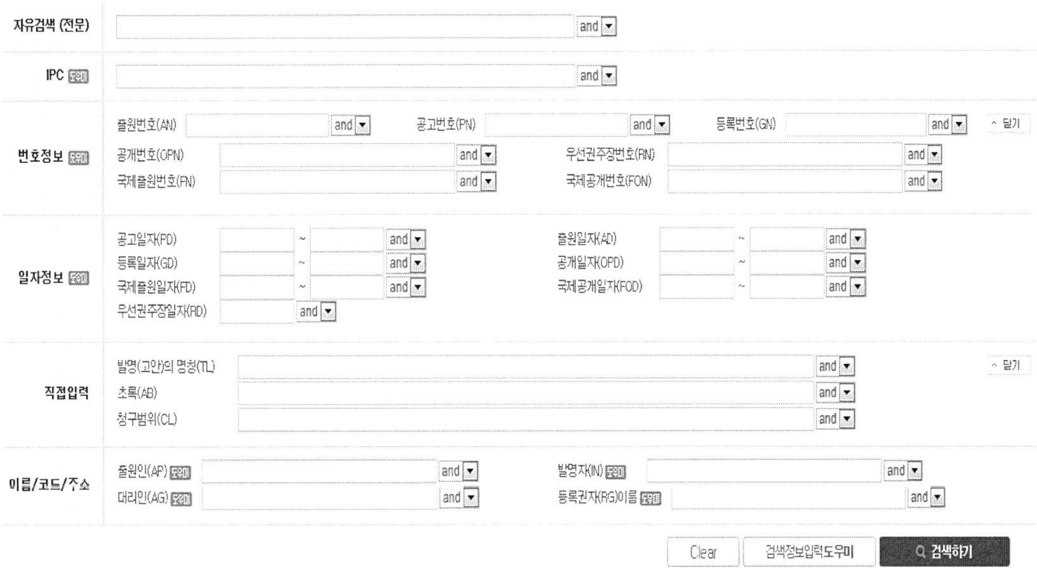

[그림 2.5] KIPRIS 스마트검색

[그림 2.6] KIPRIS 스마트검색을 사용한 검색의 예

위 검색식을 이용한 검색결과는 다음 그림과 같다.

[그림 2.7] 검색결과(이미지 보기)

(그림 2.7)과 같이 KIPRIS는 검색결과를 출원번호순으로 보여주고 다음과 같은 추가보기 기능을제공한다.

- 이미지보기: 이미지와 함께 간략한 특허정보를 나타낸다.
- 초록보기: 각 발명들의 초록정보를 나열한다.

- 대표도면보기: 각 발명의 대표도면을 보여준다.
- 일괄보기: 각 발명의 이미지를 일괄적으로 나타낸다.

결과 창에서 자세한 정보가 필요한 발명을 클릭하면 (그림 2.8)과 같은 상세정보 창이 나타난다. 이 창에는 발명의 각종 서지정보, 행정처리정보, 청구항, 초록 등이 표시된다.

[그림 2.8] KIPRIS 상세정보 창

[그림 2.9] KIPRIS 공고전문 창

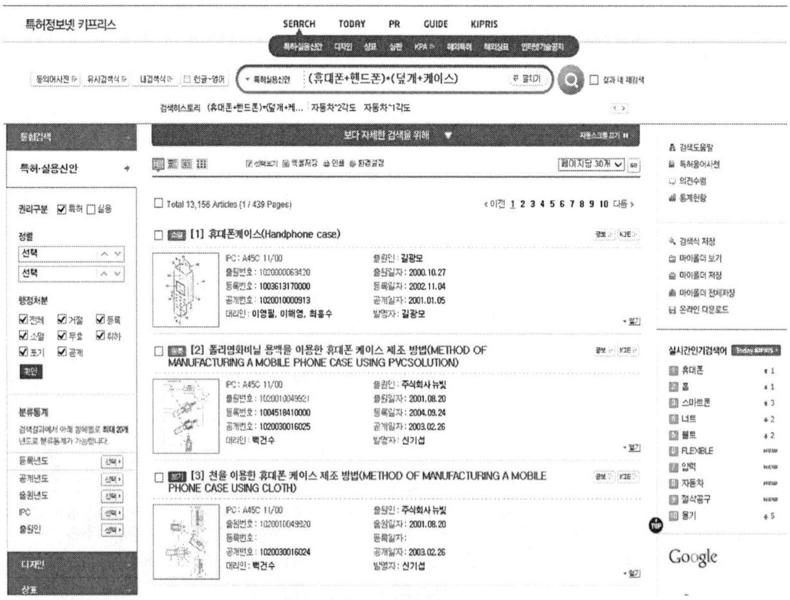

[그림 2.10]『(휴대폰+핸드폰)*(덮개+케이스)』 검색결과

(그림 2.8)의 상단 공고전문을 클릭하면 (그림 2.9)와 같은 공고 전문보기 창이 나타난다. 이 창을 통해 해당 특허문서의 전체내용을 조회 할 수 있다. 공고전문에는 발명의 상세한 설명 및 구성, 전체청구항, 전체도면 등과 같은 발명에 대한 자세한 내용이 포함되어 있다.

KIPRIS에서 제공하는 특허문서 데이터보는 편집 및 정량적 분석에 용이하도록 엑셀파일형식으로 다운로드 받을 수 있다. 예를 들어 원하는 특허데이터를 수집하기 위하여 KIPRIS의 검색상자에 『(휴대폰+핸드폰)*(덮개+케이스)』를 입력한 결과는 다음의(그림 2.10)과 같다.

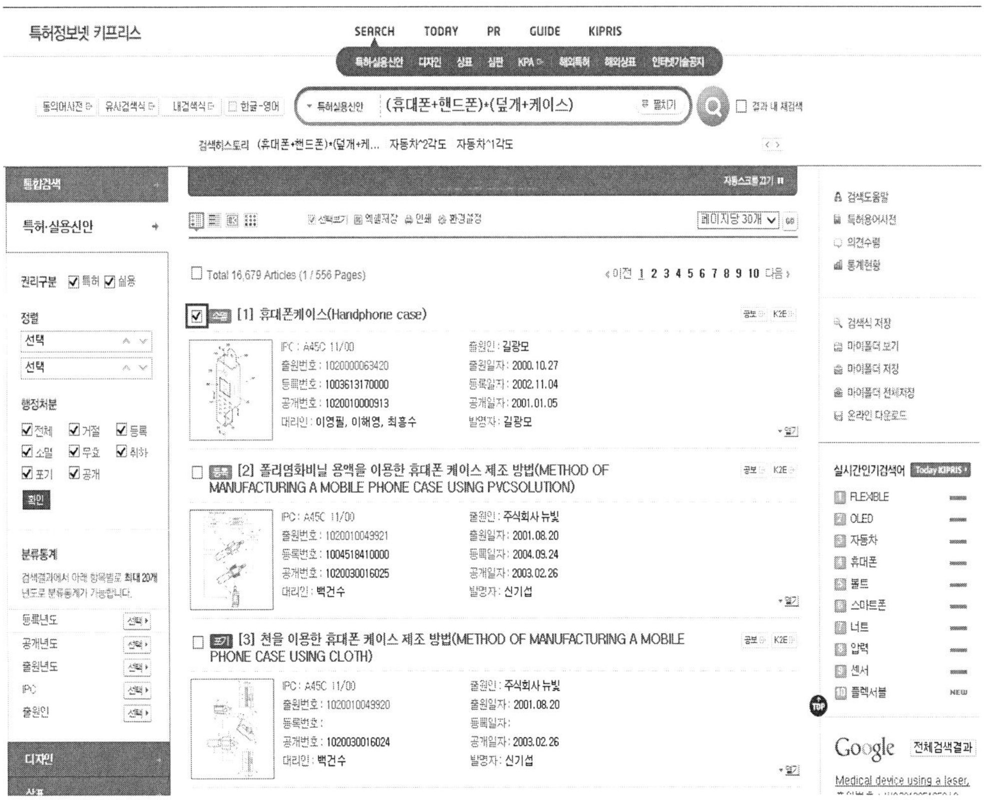

[그림 2.11] 다운로드할 특허 선택

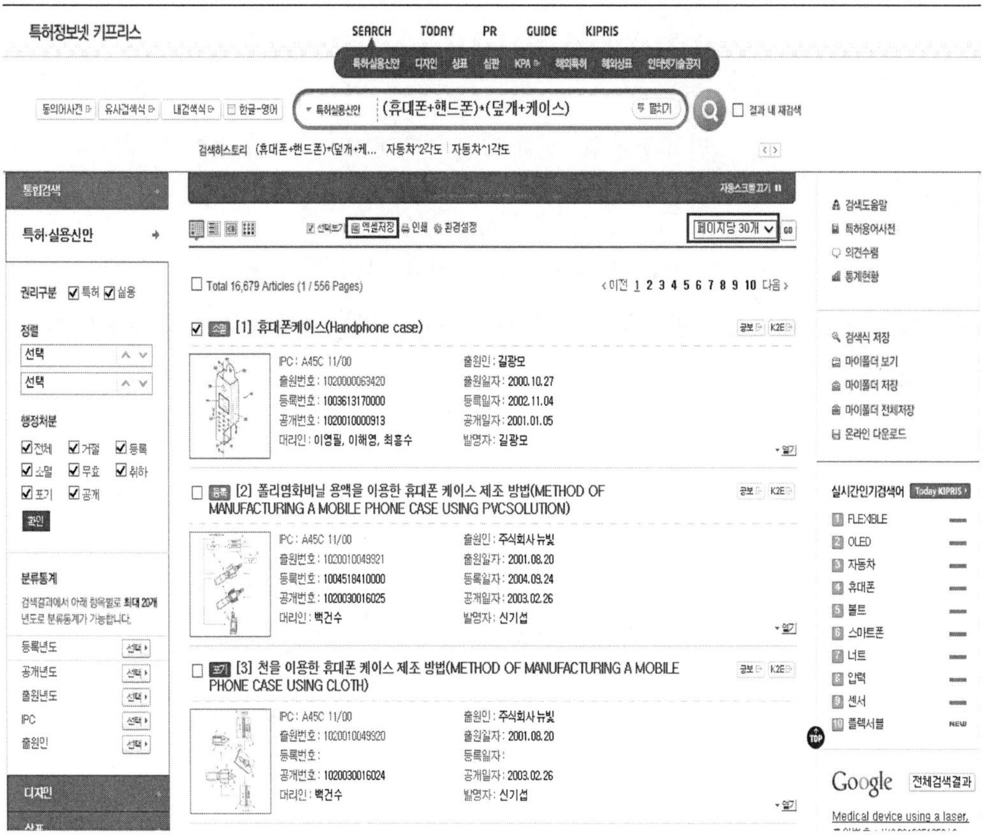

[그림 2.12] 특허데이터의 엑셀파일 저장

다운로드 하고자 하는 특허를 선택한 후 (그림 2.11)과 (그림 2.12)와 같이검색결과 상단의 "엑셀저장"을 클릭하면, (그림 2.13)과 같이 검색된 특허데이터를 엑셀파일로 저장할 수 있다.

한번에 다운로드할 수 있는 최대 특허수는 한 페이지에 나타나있는 총특허수로 페이지당 표시되는 특허수를 30개, 60개 그리고 최대 90개까지 설정할 수 있다. 물론 전체를 한꺼번에 저장할 수도 있다.

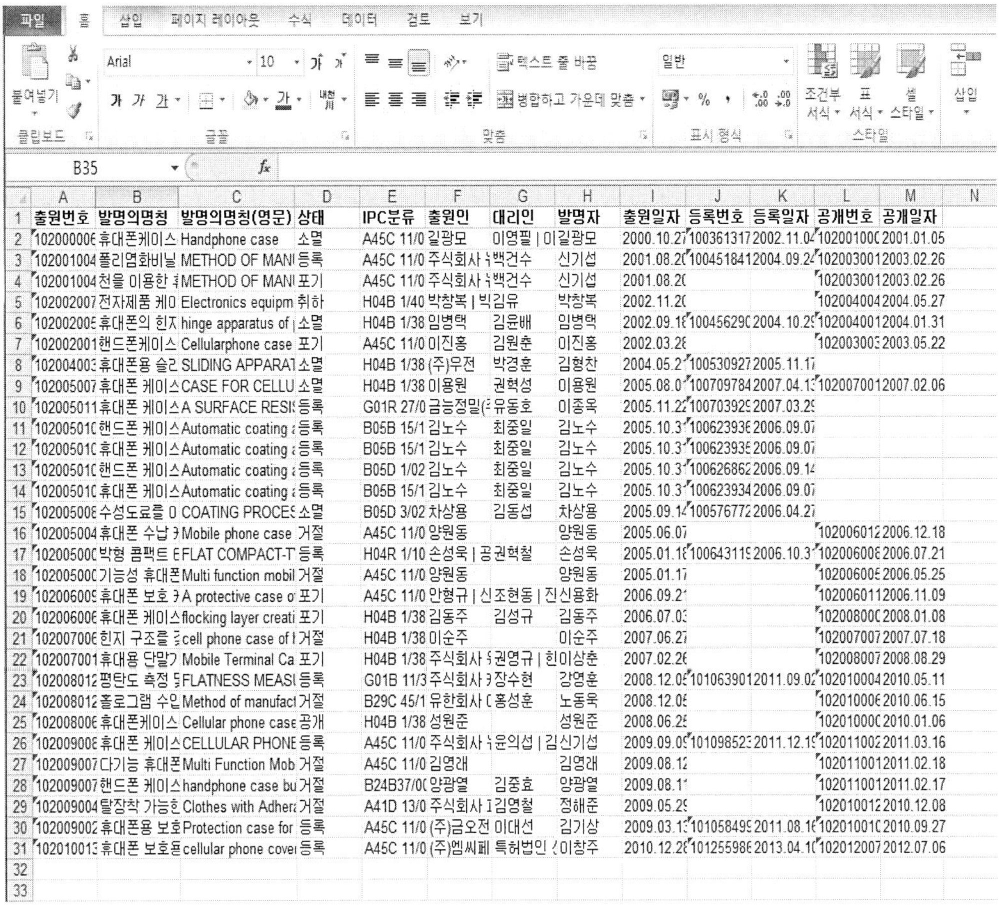

	A	B	C	D	E	F	G	H	I	J	K	L	M
1	출원번호	발명의명칭	발명의명칭(영문)	상태	IPC분류	출원인	대리인	발명자	출원일자	등록번호	등록일자	공개번호	공개일자
2	10200000	휴대폰케이스	Handphone case	소멸	A45C 11/0	길광모	이영필 | 이	길광모	2000.10.2	100361317	2002.11.0	10200100	2001.01.05
3	102001004	폴리염화비닐	METHOD OF MANI	등록	A45C 11/0	주식회사	백건수	신기섭	2001.08.2	10045184	12004.09.2	10200300	12003.02.26
4	102001004	천을 이용한	METHOD OF MANI	포기	A45C 11/0	주식회사	백건수	신기섭	2001.08.2			10200300	12003.02.26
5	102002007	전자제품 케이	Electronics equipm	취하	H04B 1/40	박창복 | 빅	김유	박창복	2002.11.2			102004004	2004.05.27
6	10200200	휴대폰의 힌지	hinge apparatus of	소멸	H04B 1/38	임병택	김윤배	임병택	2002.09.1	10045629	2004.10.2	10200400	12004.01.31
7	102002001	핸드폰케이스	Cellularphone case	포기	A45C 11/0	이진홍	김원춘	이진홍	2002.03.2			10200300	2003.05.22
8	10200400	휴대폰용 슬라	SLIDING APPARAT	소멸	H04B 1/38	(주)우전	박경훈	김형찬	2004.05.2	100530927	2005.11.1		
9	102005007	휴대폰 케이스	CASE FOR CELLU	소멸	H04B 1/38	이용원	권혁성	이용원	2005.08.0	100709784	2007.04.1	10200700	12007.02.06
10	102005011	휴대폰 케이스	A SURFACE RESIS	등록	G01R 27/0	금능정밀(	유동호	이종옥	2005.11.2	10070392	2007.03.2		
11	10200501	핸드폰 케이스	Automatic coating	등록	B05B 15/1	김노수	최중일	김노수	2005.10.3	10062393	2006.09.0		
12	10200501	휴대폰 케이스	Automatic coating	등록	B05B 15/1	김노수	최중일	김노수	2005.10.3	10062393	2006.09.0		
13	10200501	핸드폰 케이스	Automatic coating	등록	B05D 1/02	김노수	최중일	김노수	2005.10.3	10062686	2006.09.1		
14	10200501	휴대폰 케이스	Automatic coating	등록	B05B 15/1	김노수	최중일	김노수	2005.10.3	100623934	2006.09.0		
15	10200500	수성도료를 이	COATING PROCES	소멸	B05D 3/02	차상용	김동섭	차상용	2005.09.1	10057677	2006.04.2		
16	102005004	휴대폰 수납	Mobile phone case	거절	A45C 11/0	양원동		양원동	2005.06.0			10200601	2006.12.18
17	10200500	박형 콤팩트	FLAT COMPACT-T	등록	H04R 1/10	손성욱 | 공	권혁철	손성욱	2005.01.1	10064311	2006.10.3	10200600	2006.07.21
18	10200500	기능성 휴대폰	Multi function mobil	거절	A45C 11/0	양원동		양원동	2005.01.1			10200600	2006.05.25
19	10200600	휴대폰 보호	A protective case o	포기	A45C 11/0	안형규 | 신	조현동 | 진	신용화	2006.09.2			10200601	12006.11.09
20	10200600	휴대폰 케이스	flocking layer creati	포기	H04B 1/38	김동주	김성규	김동주	2006.07.0			10200800	2008.01.08
21	10200700	힌지 구조를	cell phone case of	거절	H04B 1/38	이순주		이순주	2007.06.2			102007007	2007.07.18
22	102007001	휴대용 단말기	Mobile Terminal Ca	포기	H04B 1/38	주식회사	권영규 | 한	이상춘	2007.02.2			102008007	2008.08.29
23	10200801	평탄도 측정	FLATNESS MEAS	등록	G01B 11/3	주식회사	장수현	강영훈	2008.12.0	10106390	12011.09.0	102010004	2010.05.11
24	10200801	홀로그램 수입	Method of manufac	거절	B29C 45/1	유한회사	홍성훈	노동욱	2008.12.0			10201000	2010.06.15
25	10200800	휴대폰케이스	Cellular phone case	공개	H04B 1/38	성원준		성원준	2008.06.2			10201000	2010.01.06
26	10200900	휴대폰 케이스	CELLULAR PHONE	등록	A45C 11/0	주식회사	윤의섭 | 김	신기섭	2009.09.0	10109852	2011.12.1	10201100	2011.03.16
27	102009007	다기능 휴대폰	Multi Function Mob	거절	A45C 11/0	김영래		김영래	2009.08.1			10201100	12011.02.18
28	102009007	핸드폰 케이스	handphone case bu	거절	B24B37/0	양광열	김중효	양광열	2009.08.1			10201100	12011.02.17
29	102009004	탈장착 가능한	Clothes with Adher	거절	A41D 13/0	주식회사	김영철	정해준	2009.05.2			10201001	2010.12.08
30	10200900	휴대폰용 보호	Protection case for	등록	A45C 11/0	(주)금오전	이대선	김기상	2009.03.1	10105849	2011.08.1	10201001	2010.09.27
31	10201001	휴대폰 보호용	cellular phone cove	등록	A45C 11/0	(주)엠씨페	특허법인	이창주	2010.12.2	10125598	2013.04.1	102012007	2012.07.06

[그림 2.13] 엑셀파일로 저장된 특허정보

(그림 2.13)과 같이 저장된 엑셀파일에는 각 특허의 출원번호, 발명의 명칭, 등과 같은 다양한 정보가 포함되어 있다. 제공되는 특허의 세부정보 항목은 특허가 출원된 국가에 따라 조금씩 다르다. 다음의(그림 2.14)는 미국 특허정보를 검색한 결과로써 (그림 2.13)의 국내특허에 해당하는 세부항목과는약간의 차이를 보인다.

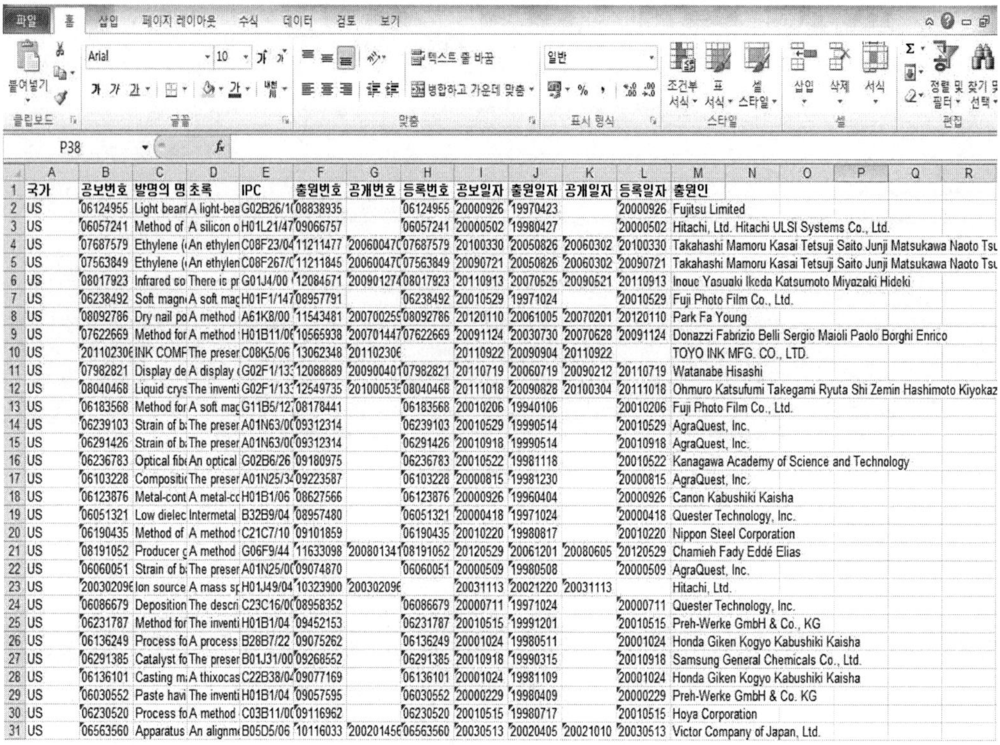

[그림 2.14] 엑셀파일로 저장된 미국특허정보

■ WIPSON을 이용한 특허정보검색

WIPSON은 온라인 특허검색서비스를 유료로 제공하는 특허검색사이트(http://www.wipson.com)이다. WIPSON은 국내 특허 및 실용신안뿐 아니라 미국, 유럽, 일본, 중국 등 전세계 국가의 지식재산권 정보를 제공하며 일본특허의 경우 전문 번역이 제공된다. 특허분석에서 중요하게 고려되는 특허 간 인용정보도 함께 제공된다. WIPSON의 인용분석은 특허인용지도(citation map), 인용분석차트 등의 결과를 제공하여 특허의 인용관계를 효율적으로 이해할 수 있게 해 준다. WIPSON의 초기화면은 다음의 (그림 2.15)와 같다.

WIPSON에서는 "기본검색", "번호검색", "스텝검색", "통합검색"을 제공한다. "기본검색"은 사용자가 조사하고자 하는 특허 및 실용신안이 속한 국가를 선택하고 검색식과 WIPSON에서 제공되는 필드조합을 이용하여 특허를 검색하는 방법이다. "번호검색"은 기본검색과 같이 검색대상국을 지정하고 각국의 특허번호 표기법에 맞는 번호를 이용하여 특허를 검색하는 방법이다. "스텝검색"은 "기본검색"과는 달리 검색결과를 각 스텝단위로 제공한다.

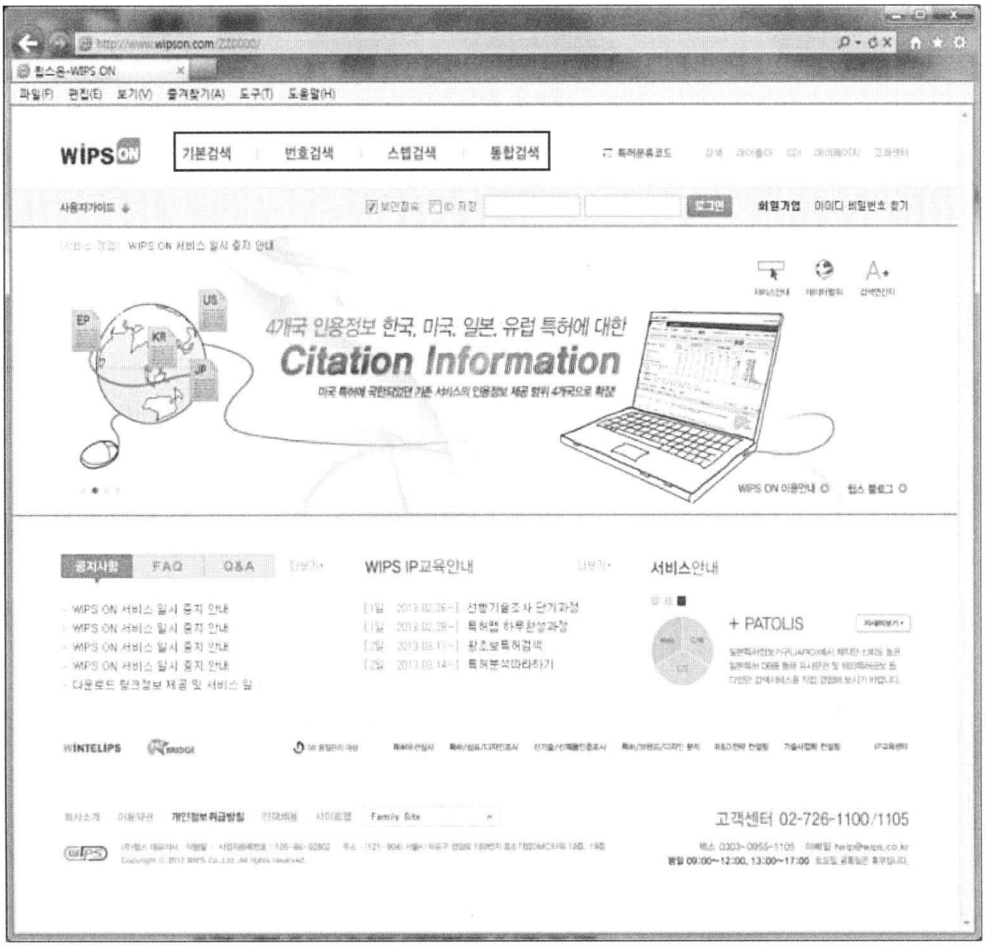

[그림 2.15] WIPSON의 초기화면

그리고 스텝과 스텝간, 스텝과 키워드간의 연산기능을 제공하여 사용자가 검색조건을 다양하게 변화시키면서 검색을 수행할 수 있다. "통합검색"은 각 국가에서 동일한 검색조건으로 반복하여 검색할 경우의 불편함을 해결하기 위한 검색기능이다. 사용자는 통합검색을 통해 한글 또는 영어를 이용하여 여러 국가의 특허정보를 통합적으로 검색할 수 있다.

KIPRIS와 마찬가지로 WIPSON도 다양한 연산자, 절단기호 등을 제공한다. 이를 통해 사용자는 검색 목적에 맞는 검색식을 작성하여 보다 효율적인 검색을 수행할 수 있다. WIPSON에서 제공하는 연산자, 절단기호는 다음과 같다.

1. 연산자 : 연산자를 조합하여 검색하는 목적에 맞게 검색범위를 제한 할 수 있다. WIPSON에서 사용되는 연산자는 다음의 〈표 2.2〉와 같다.

〈표 2.2〉 WIPSON 연산자

구분	연산자	사용예	상세설명
OR	Or	핸드폰 Or 휴대폰	핸드폰과 휴대폰 중 하나라도 포함하는 것을 검색
AND	And	휴대폰 And 카메라	휴대폰과 카메라를 모두 포함하는 것을 검색
NOT	Not	레이저 Not 포인터	단어의 순서 또는 위치에 상관 없이 레이저는 포함하지만 포인터는 포함하지 않는 것을 검색

2. 인접 연산자 : WIPSON에서는 인접 연산자로 ADJ, NEAR를 제공한다. 이는 키워드와 키워드를 조합하여 검색할 때 사용된다.
   - Adj[n]: 검색하고자 하는 범위 내에서 단어 A와 B가 순서대로 n거리 내에 존재하는 문서를 검색한다.
   - Near[n]: 검색하고자 하는 범위 내에서 단어 A와 B가 순서와 상관없이 n거리 내에 존재하는 문서를 검색한다.

〈표 2.3〉 WIPSON 인접연산자

구분	연산자	사용예	상세설명
Adj	Adj[n]	핸드폰 Adj2 케이스	핸드폰과 케이스 두 단어가 순서대로 두 단어 거리 이내에 있는 문서를 검색
Near	Near[n]	핸드폰 Near2 케이스	핸드폰과 케이스 두단어가 순서와 관계없이 두 단어 이내에 있는 문서를 검색

3. 절단 기호 : WIPSON에서는 절단기호로 "*"과 "?"를 제공한다. "*"는 뒤에 나타나는 문자의 수에 상관이 없다. 하지만 "?"는 1 Byte에 해당하는 문자만 검색에 포함된다. 주의할 점은 한글은 글자하나가 2 Byte이므로 한글 한글자를 포함시키기 위해서는 "??"를 사용해야 한다.

〈표 2.4〉 WIPSON 절단기호

절단기호	사용예	상세설명
*	핸드폰*	핸드폰 뒤에 오는 문자의 수에 상관없이 "핸드폰케이스", "핸드폰화면" 등과 같은 정보가 검색
?	핸드폰????	"핸드폰제조", "핸드폰액정" 등과 같이 뒤에 한글 2글자가 더 포함되는 정보가 검색

4. 단어사이의 공백값 : 검색시 키워드들 사이에 공백값이 포함될 경우 연산자 "Or"로 인식하여 검색이 실행 된다. 예를 들어 『무선 전화기』로 검색하면 『무선 Or 전화기』와 같은 결과가 나온다.

■ WOPSON의 "기본검색"을 이용한 특허문서 검색

[그림 2.16] WIPSON 공보조건선택 창

"기본검색"을 사용하기 위해 사용자는 먼저 (그림 2.16)과 같이 조사하고자 하는 대상국가를 선택하고 특허공보(특허 또는 실용의 공개 및 등록) 및 연도조건을 선택해야 한다. WIPSON에서는 공개/등록 존재 조건을 선택함으로써 중복을 방지할 수 있다. 각 조건에 대한 설명은 다음과 같다.

- 공개(등록존재): 특허 또는 실용신안 정보내에서 등록이 존재하는 공개만을 검색한다.
- 등록(공개존재): 특허 또는 실용신안 정보 내에서 공개가 존재하는 등록만을 검색한다.
- 공개만 존재: 특허 또는 실용신안 정보 내에서 공개만 존재하는 정보를 검색한다.
- 등록만 존재: 특허 또는 실용신안 정보 내에서 등록만 존재하는 정보를 검색한다.

WIPSON의 기본검색은 (그림 2.17)의 검색식 입력창에 키워드를 입력하여 수행할 수 있다. 이 외에 WIPSON에서는 위 그림과 같이 각 국가별로 검색 가능한 검색필드들을 제공한다. 사용자는 이 검색필드에 원하는 키워드 및 조건을 입력하여 검색할 수 있다. 이때 각 필드에 입력된 키워드 또는 검색 조건들은 AND로 연산 된다.

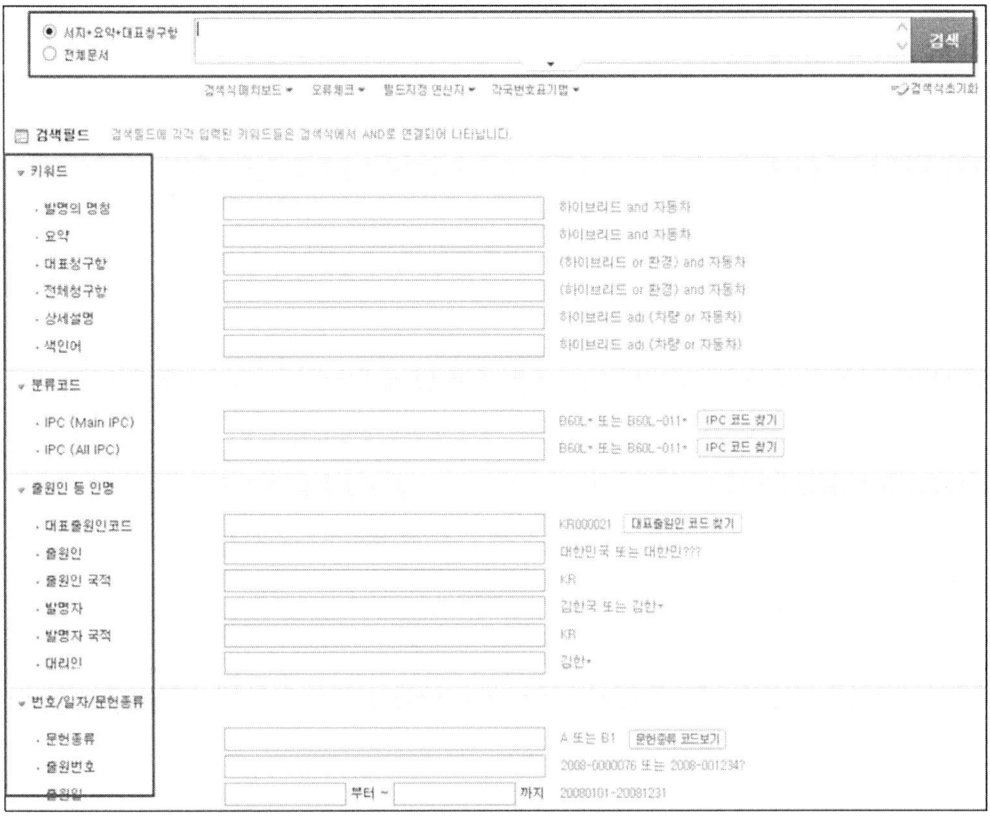

[그림 2.17] WIPSON 검색식 입력창

■ WIPSON의 "번호검색"을 통한 특허정보 검색

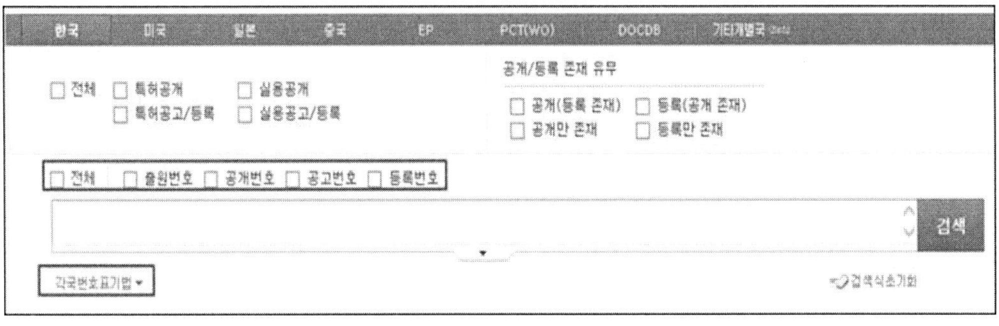

[그림 2.18] WIPSON 번호검색

(그림 2.18)은 WIPSON에서 제공하는 "번호검색"의 기본 검색창이다. "번호검색"을 통해 특허 및 실용신안 정보를 검색하기 위해서는 "기본검색"과 같이 대상국가와 특허공보조건을 먼저 선택해야 한다. 그리고 (그림 2.18)과 같이 검색하고자 하는 번호의 종류에 맞게 출원,공개,공고,등록번호를 선택한다. "번호검색"에서도 절단기호를 사용할 수 있기 때문에 특정번호범위내의 특허를 검색하거나 번호의 일부만 알고 있는 경우 유용히 사용할 수 있다. 각 국가별로 특허와 실용신안의 번호표기 형식이 다르기 때문에 "번호검색"을 사용할때 "각국번호표기법"을 선택하면 보다 효율적으로 검색이 이루어질 수 있다. 다음의 (그림 2.19)는 각의국 번호표기법에 대한 안내창이다.

WIPS ON 각국 번호표기법

- WIPS 번호형식 표준화대상 국가
  특허번호 : 6개국 (한국, 미국, 일본, 중국, EP, WO)
  출원번호 : 23개국 (한국, 미국, 일본, 중국, EP, WO, CH, DE, FR, GB, AT, AU, DK, CA, ES, FI, IN, IT, NL, RU, SE, SU, TW)
- WIPS 표준화대상에 포함되지 않은 국가의 번호형식은 EPO Number Format에서 확인하실 수 있습니다

국가	번호종류	번호형식	입력 예
한국	출원번호/공개번호/공고번호	[연도 4자리]-[번호7자리]	1996-0009512 또는 1997-00074??
	등록번호	[번호7자리]	0304450 또는02878??
미국	출원번호	[연도4자리]-[번호6자리]	2003-383510 또는2003-383???
	공개번호	[연도4자리]-[번호7자리]	2001-0054120 또는2001-00541??
	등록번호	[번호7자리]	6663935 또는RE38499
일본	출원 / 공개 / 공표 / 공고번호	[연도 4자리]-[번호 6자리]	1996-034772 또는 1995-0056??
	재공표번호	WO[연도 4자리]-[번호 6자리]	WO2002-060675
	등록번호	[번호 7자리]	3080751 또는 30763??
	왕조기준 연도표기	소화(소) 50년→1975년, 평성(평) 5년→1993년	
중국	출원번호	[연도 4자리]-[번호 8자리]	2006-10301060
	공개번호/등록번호	[번호 9자리]	101999999 또는 101??????
EP	출원번호	[연도 4자리]-[번호 6자리]	1983-306120 또는 1992-30271?
	특허번호	[번호 7자리]	0606750
PCT(WO)	국제 출원번호	PCT-[국가 2자리][연도 4자리]-[번호 6자리]	PCT-EP2000-006082
	국제 공개번호	WO[연도 4자리]-[번호 6자리]	WO2002-060675
독일	출원번호	[연도 4자리]-[번호 8자리]	1998-60028520
영국	출원번호	[연도 4자리]-[번호 6자리]	1998-013094
프랑스	출원번호	[연도 4자리]-[번호 6자리]	2006-052720

[그림 2.19] WIPSON각국번호표기법 안내창

각국의 번호표기법 안내창을 통하여 국가별로 사용되는 번호의 형식과 입력예를 살펴볼 수 있다.

■ WIPSON의 "스텝검색"을 통한 특허정보 검색

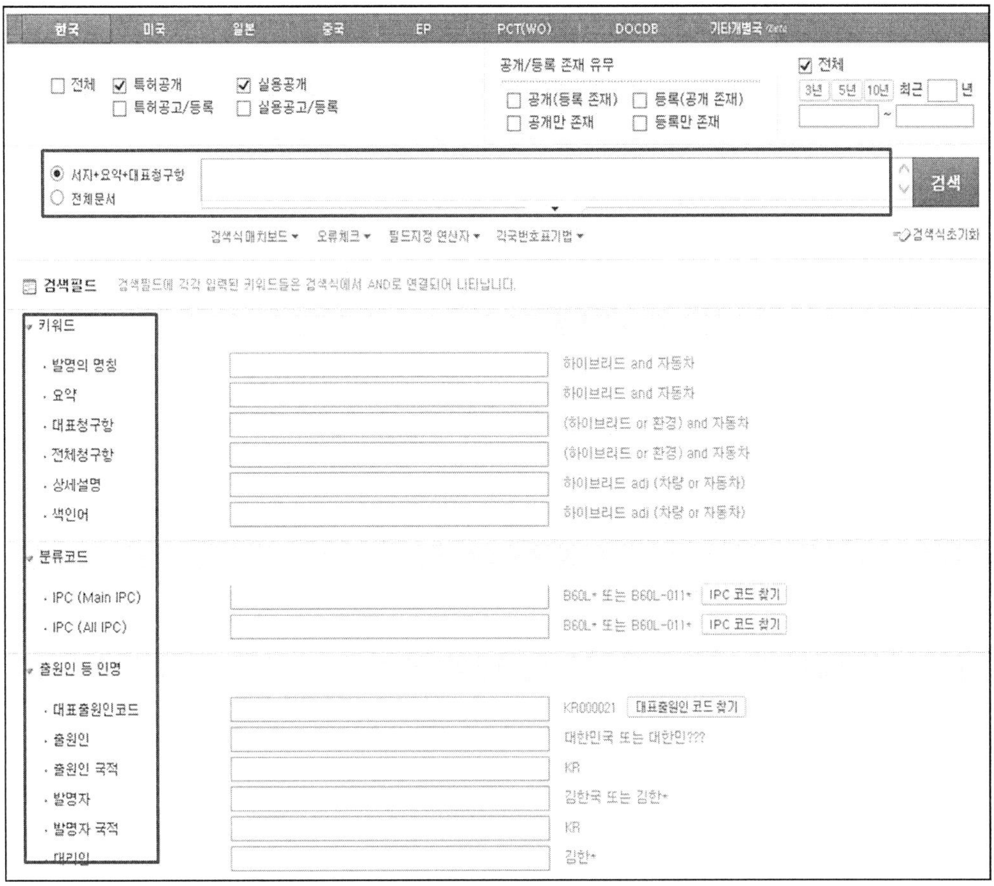

[그림 2.20] Wipson 스텝검색

(그림 2.20)은 WIPSON "스텝검색"의 기본검색창이다. "스텝검색"에서도 "기본검색"과 마찬가지로 먼저 조사하고자 하는 대상국가를 선택하고 특허공보(특허 또는 실용의 공개 및 등록) 및 연도조건을 선택해야 한다. 다음으로기본검색과 같은 방법으로 키워드를 사용한 검색식 또는 필드항목을 통해 검색할 수 있다. "스텝검색"과 "기본검색"의 차이점은 검색한 결과가 다음의 (그림 2.21)과 같이 검색순서에 따라 단계별 리스트로 나타나는 것이다.

(그림 2.21)과 같이 Step1에서는 검색식 "(하이브리드 and 자동차).TI. AND (하이브리드).AB"로 검색한 결과를 보여준다. Step2에서는 "(수소 and 자동차).TI. AND (하이브리드 and 수소).AB"로 검색한 결과가 나타난다. 이와 같이"스텝검색"은 사용자가 검색식 또는 검색조건을 바꿔가면서 검색결과의 차이를 비교할 수 있도록 한다.

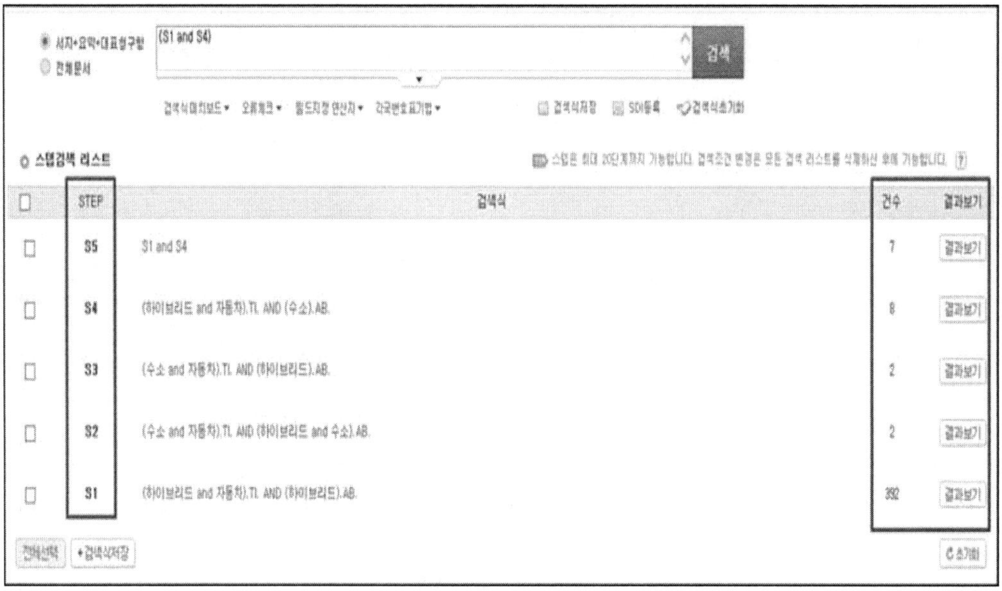

[그림 2.21] WIPSON 스텝검색 리스트

WIPSON의 "스텝검색"에서는 위 그림의 Step5와 같이 스텝검색 리스트간의 연산이 가능하다. 또한 각 스텝의 결과보기를 클릭하면 다음의(그림 2.22)와 같이 각 스텝의 검색결과를 상세히 볼 수 있다.

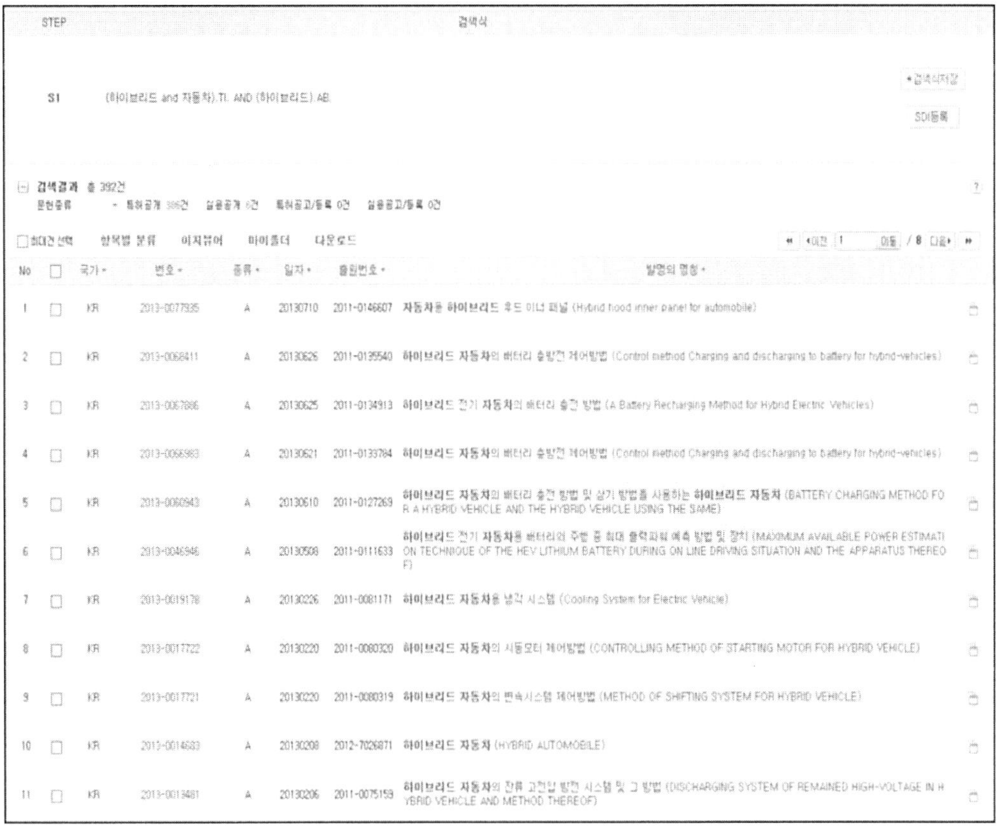

[그림 2.22] 스텝 검색결과 보기

■ WIPSON의 "통합검색"을 통한 특허정보 검색

앞서 설명한 바와 같이 WIPSON의 "통합검색"은 국가별로 같은 검색식 또는 검색조건으로 특허 및 실용신안 정보를 반복적으로검색하는 불편함을 해결할 수 있다. "통합검색"을 이용하여 검색할 수 있는 언어로 WIPSON에서는 한글과 영어를 지원한다. 한글 통합검색은 한국과 일본(기계번역)의 특허 및 실용신안 정보를 검색할 수 있고, 영문 통합검색은 미국, 일본, 중국, 유럽 등의 특허정보를 검색할 수 있다. "통합검색"은 각국의 특허 및 실용신안정보를 통합적으로 검색하는 기능이기 때문에 "통합검색"을 이용한 검색은 각 국가에서 공통적으로 포함하고 있는 "전체 공통필드"와 해당 국가별 “검색필드”로 나뉘어져 있다. 다음의 (그림 2.23)은 WIPSON “스텝검색”의 영문 통합검색 기본창이다.

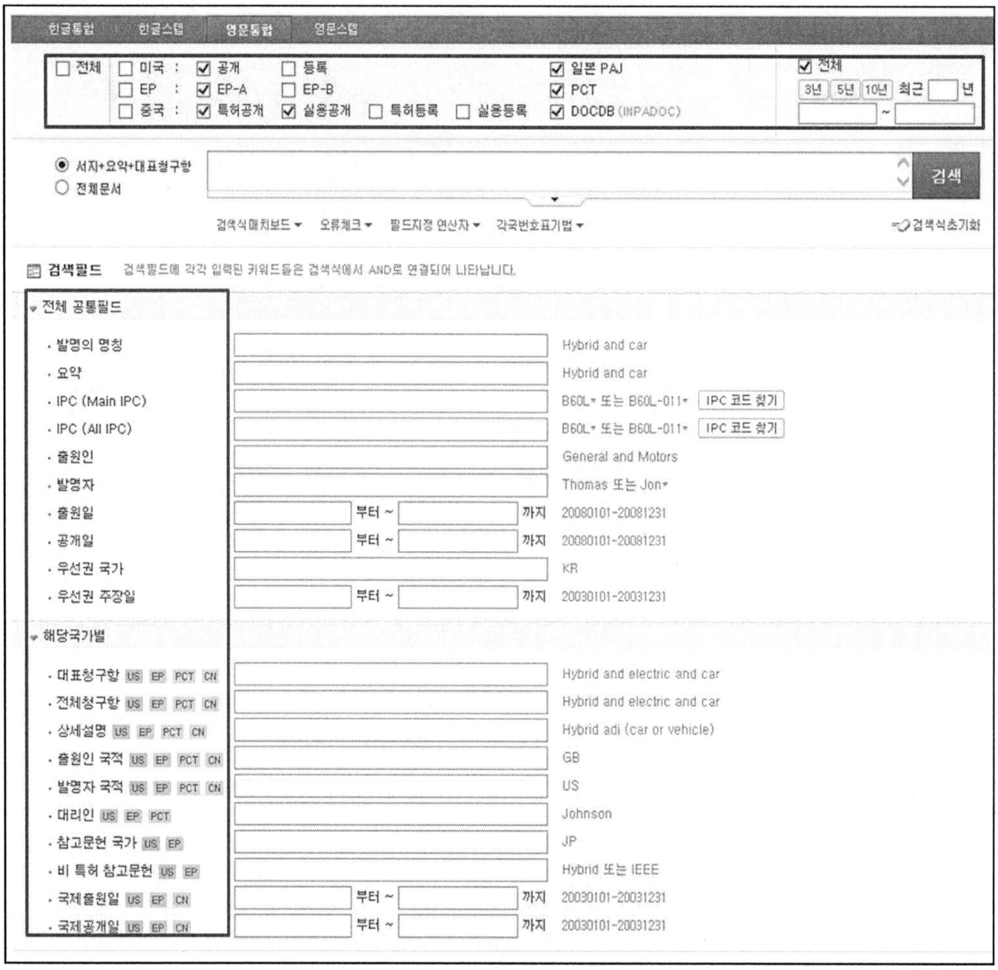

[그림 2.23] WIPSON 통합검색

앞서 기술한 바와 같이 전체국가에서 사용하는 “전체 공통필드”와 “해당국가별 검색필드”가 구분되어 있는 것을 확인할 수 있다. “해당국가별 검색필드”를 이용하여 검색시 검색한 필드의 정보를 제공하는 국가들의 특허 및 실용신안 정보가 검색된다.

■ WIPSON을 이용한 특허정보 검색 및 다운로드

1) WIPSON을 이용한 특허정보 검색 및 상세보기

WIPSON은 검색한 특허의 원문과 함께 다양한 특허정보를 제공한다. 또한 검색된 특허문서를 다양한 형식의 파일로 저장할 수 있기 때문에 특허데이터의 정성적 또는 정량적분석을 효율적으로 진행할 수 있다. 다음으로 "기본검색"을 활용하여 특허정보를 검색하고 검색결과를 다운로드하는 과정을 알아본다. "기본검색"은 특허공보조건을 선택하고, 필드검색항목에 키워드나 검색식을 입력하여 수행된다. 각 필드의 검색항목은 "and"연산자로 연결된다. 필드검색의 항목은 다음의 (그림 2.24)와 같이 발명의 명칭, 요약, 청구항, IPC코드, 출원일 등으로 이루어진다.

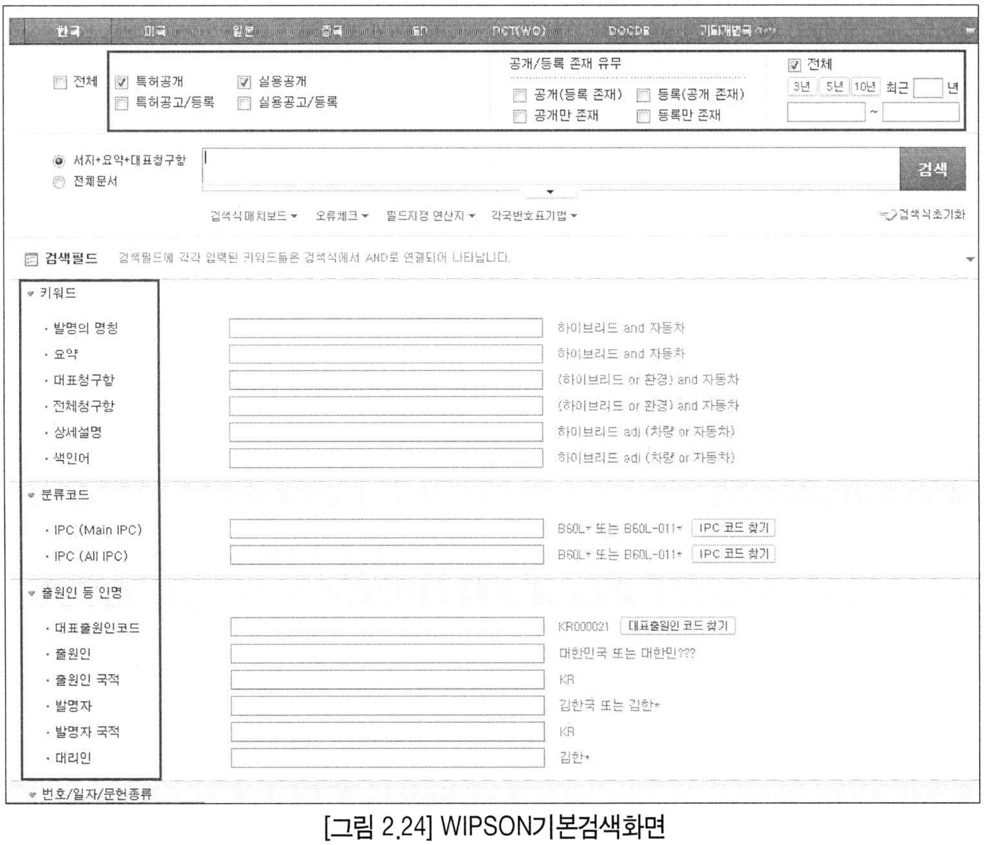

[그림 2.24] WIPSON기본검색화면

다음의 (그림 2.25)는 WIPSON에서 제공되는 필드검색항목을 사용하여 검색한 결과를 보여준다.

[그림 2.25] WIPSON필드검색

발명의 명칭에는 "(휴대폰 or 핸드폰) and (덮개 or 케이스)"를 입력하였고, 발명의 요약에는 "제조 and 생산"을 입력하였다. 이에 대한 검색결과는 다음의(그림 2.26)과 같다.

(그림 2.26)과 같이 검색결과를 나타내는 검색식 『((휴대폰 or 핸드폰) and (덮개 or 케이스)).TI. AND (제조 and 생산).AB.』가 기본검색항목에 나타난다. 검색결과창에는 국가, 특허번호, 일자, 출원번호 등과 같은 검색된 특허의 간략한 정보들이 순서대

로 나타난다. 해당 특허를 클릭하면 다음의(그림 2.27)과 같이 해당특허의 상세정보를 볼 수 있다. WIPSON또한 KIPRIS와 같이 원문 보기를 통해 특허의 원문을 볼 수 있다.

[그림 2.26] WIPSON 검색결과

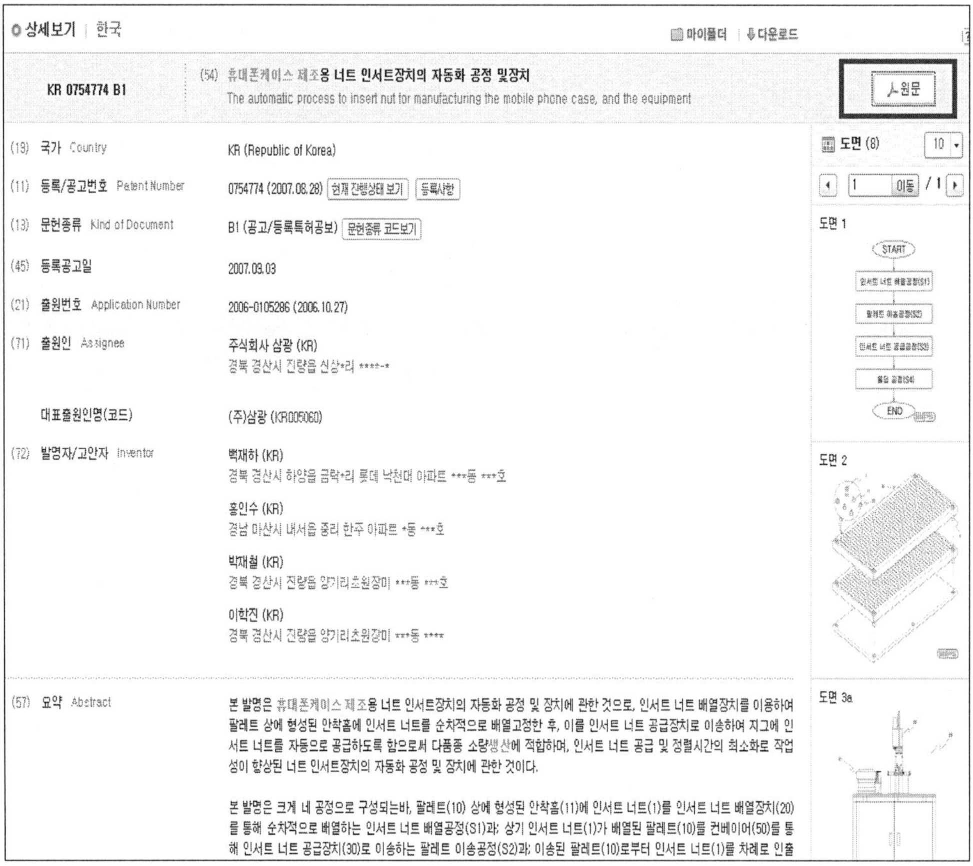

[그림 2.27] WIPSON 상세보기 창

2) WIPSON을 이용한 특허정보 다운로드

WIPSON은 검색한 특허문서에 대하여 효율적인 편집 및 분석을 위하여 엑셀이나 텍스트 파일로의 저장을 지원하고 있다. 다음으로 WIPSON에서 검색한 특허정보를 다운로드하는 과정을 알아본다. 다음의 (그림 2.28)은 『(휴대폰 or 핸드폰).TI. AND (제조 and 생산).AB.』의 검색식을 이용한 검색결과이다.

[그림 2.28] WIPSON기본검색 결과

사용자는 검색된 특허들 중 다운로드하고자 하는 특허를 각각 선택하거나, (그림 2.28)의 "최대건 선택"항목을 클릭하여 검색된 전체 특허문서를 다운로드할 수 있다. 사용자에게 필요한 특허를 선택한 후 (그림 2.28)의 "다운로드"를 클릭하면 다음의 (그림 2.29)와 같은 특허정보 다운로드 항목 선택창이 나타난다.

[그림 2.29] WIPSON다운로드 항목 선택창

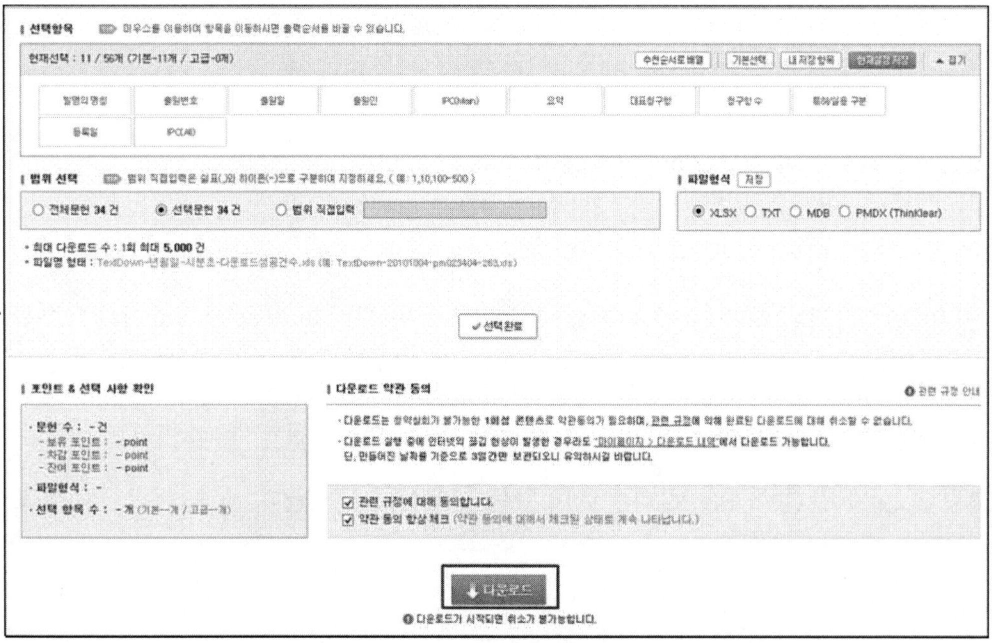

[그림 2.30] WIPSON다운로드 창

다운로드 선택창을 통해 사용자는 발명의 명칭, 요약, 분류코드 등과 같은 세부항목들과 파일형식을 결정할 수 있다. 선택항목 설정 후 "선택완료"를 클릭하고, 다음의 (그림 2.30)의 "다운로드"를 클릭하면 선택한 형식의 특허정보 파일을 얻을 수 있다.

다음의(그림2.31)은 선택한 엑셀파일형식으로 다운받은 특허정보 파일이다.

M7

	A	B	C	D	E	F	G	H	I	J	K	L
1	발명의 명칭	출원번호	출원일	출원인	IPC (Main)	요약	대표청구항	청구항	특허/실	등록일	IPC (All	WIPS ON ke
2	안테나 내장형	2011-0015203	2011-02-2	주식회사	H01Q-001/24	휴대폰 케이	적어도 하나의	6	P		H01Q-001	351235100160
3	7000계열 알루	2010-0059814	2010-06-2	주식회사	B21D-053/00	7000계열의	무선전화기,P	3	P		B21D-053/	351152100210
4	휴대폰케이스용	2010-0036542	2010-04-2	주식회사	B29C-045/16	본 발명은 휴	휴대폰의 사이	6	P		B29C-045/	351143100209
5	휴대폰 목업의	2009-0092413	2009-09-2	주식회사	G06F-017/50	본 발명은 휴	휴대폰 실 제	2	P		G06F-017/	351114100231
6	휴대폰 EF Type	2009-0030657	2009-04-0	(주)태성테	H04B-001/38	본 발명은 휴	휴대폰 EF Typ	1	P		H04B-001/	351009100232
7	휴대폰용 루프	2008-0131300	2008-12-2	송민규	H01Q-007/00	본 발명은 휴	(a) 단면 1중	3	P		H01Q-007	351005900382
8	휴대폰 케이스	2008-0117049	2008-11-2	주식회사	B24B-009/02	본 발명은 휴	휴대폰 케이스	3	P		B24B-009/	351005100234
9	휴대폰 카메라	2008-0080249	2008-08-1	주식회사	G02B-005/10	본 발명은 휴	휴대폰 카메라	3	P		G02B-005/	351002300105
10	핸드폰용 슬라	2008-0035961	2008-04-1	주식회사	H04B-001/38	본 발명은 핸	각기 다른 곡	4	P		H04B-001/	350929000056
11	키패드 패키지	2008-0027493	2008-03-2	(주) 디지	H04M-001/23	본 발명은 키	키패드 패키지	19	P		H04M-001	350926800079
12	무금형 핸드폰	2007-0033834	2007-04-0	박윤희	H04M-001/23	본 발명에 따	기초소재판의	4	P		H04M-001	350807100038
13	휴대폰 케이스	2008-0048284	2008-05-2	주식회사	B29C-045/38	본 발명은 핸	휴대폰 케이스	3	P		B29C-045/	350804800123
14	휴대폰 하우징	2006-0127961	2006-12-1	(주)파버나	H04B-001/38	본 발명은 휴	휴대폰 하우징	8	P		H04B-001/	350804300105
15	휴대폰 키패드	2006-0108472	2006-11-0	홍수길	H01H-011/00	본 발명은 휴	키패드에 필요	1	P		H01H-011	350803300289
16	핸드폰 키패드	2006-0079198	2006-08-2	주식회사	B29C-045/14	본 발명은 핸	휴대용 키패드	8	P		B29C-045/	350801400106
17	휴대폰용 키패	2006-0012846	2006-02-1	주식회사	H01H-013/70	본 발명은 핸	휴대폰(11)의	4	P		H01H-013	350705100023
18	핸드폰용 액세	2006-0011421	2006-02-0	조종인	B23B-005/00	본 발명은 핸	핸드폰용 액세	5	P		B23B-005/	350705000019
19	휴대폰용 키패	2005-0109612	2005-11-1	주식회사	H04M-001/23	본 발명은 휴	0.05 ~ 0.3mm	4	P		H04M-001	350702800231
20	휴대폰용 키패	2005-0109588	2005-11-1	주식회사	H01H-011/00	본 발명은 휴	0.05 ~ 0.3mm	4	P		H01H-011	350702800230
21	휴대폰용 키패	2005-0048814	2005-06-0	주식회사	H01H-011/00	본 발명은 키	휴대폰용 키파	2	P		H01H-011	350605100493
22	수(手)작업에 으	2006-0086557	2006-09-0	배지예	H02J-007/00	본 발명은	"수사람이 악력운	1	P		H02J-007/	350604300092
23	휴대폰용 키패	2005-0020585	2005-03-1	주식회사	H04M-001/23	본 발명은 휴	금속판을 포밍	4	P		H04M-001	350604000205
24	휴대폰 악세사	2005-0008929	2005-02-0	황기철	A44C-025/00	본 발명은 휴	링본체; 상기	9	P		A44C-025/	350603400451
25	휴대폰용 내장	2005-0002709	2005-01-1	유젠텍 주	H01Q-001/24	본 발명은 휴	안테나 베이스	2	P		H01Q-001	350603200084
26	휴대폰용 내장	2004-0090067	2004-11-0	배장환	H01Q-001/24	본 발명은 휴	안테나 베이스	2	P		H01Q-001	350601900260
27	휴대폰단말기의	2004-0080537	2004-10-0	주식회사	B21D-053/00	본 발명은 규	평판의 강판소	5	P		B21D-053/	350601500055
28	휴대폰용 키패	2003-0066259	2003-09-2	주식회사	H04M-001/23	연속적으로	다양한 기능을	4	P		H04M-001	350501500020
29	고정부가 본체	2003-0057378	2003-08-1	주식회사	H02J-007/00	본 발명은 고	전면에는 휴대	1	P		H02J-007/	350500800209
30	핸드폰 다이얼	2004-0061196	2004-08-0	(주)장원	B29C-045/42	본 발명은 핸	에어지그(1)	2	P		B29C-045/	380404200174
31	핸드폰 케이스	2003-0000191	2003-01-0	임택현	A45C-011/00	본 발명은 합	중량비로 연질	2	P		A45C-011/	380403600132

[그림 2.31] WIPSON을 통해 다운로드한 특허정보

(그림 2.31)에서 보이는 것처럼 사용자가 선택한 특허정보의 세부항목이 파일에 포함된 것을 확인할 수 있다.

■ 자주 사용되는 필드검색 항목

1) 발명의 명칭(Title): 발명의 명칭은 출원의 시작부분에 기재하는 사항으로써 청구된 발명을 적절하게 설명할 수 있어야 한다. 특허검색을 할 때 가장 기본적인 항목이다.

2) 요약(Abstract): 발명의 기술내용을 쉽게 파악하기 위한 글이지만 해당 발명의 권리범위에는 포함되지 않는다. 특허검색을 할 때 초록을 통해 해당 발명에 대한 정보를 쉽고 빠르게 얻을 수 있다.

3) 청구항(Claims): 특허를 출원할 때 특허발명에 대하여 보호를 받고자 하는 범위와 내용을 명확하게 기재한 부분이다.

4) IPC코드(International Patent Classification code): 국제특허분류(IPC)를 나타내는 말로써 특허문서의 기술 별 분류를 위한 코드이다. IPC코드는 특허분류체계를 국제적으로 통일시키기 위해 세계지식재산기구(WIPO)가 제정하였다. 이 코드는 영문과 숫자로 구성되며 크게 8개의 섹션으로 나누어져 있으며 계층적 구조(hierarchical structure)를 갖는다.

5) 발명자(Inventors): 실제로 발명을 완성한 사람을 나타낸다.

6) 출원인(Assignee): 특허를 출원하는 주체를 의미하며 특허가 등록되면 그 권리에 대한 권한을 갖는다.

7) 출원일(Filing Date): 특허 출원서를 제출한 날짜이다.

8) 출원번호(Application number): 특허출원 시 해당 발명에 대하여 부여되는 번호이다.

9) 공개일(Date of publication): 특허 등 지재권이 공개공보에 실려 대중에게 공개된 날짜이다.

10) 공개번호(Publicized number): 심사전 · 후에 출원을 공개될때 해당특허에 부여되는 번호이다.

11) 등록일(Registration date): 특허 등 지재권이 특허청에 등록된 날짜이다.

12) 등록번호(Registration number): 출원된 발명이 심사를 통해 등록이 결정되고 모든 등록절차를 거친 후 최종적으로 부여되는 번호이다.

2.1.3 국제 특허 분류(IPC)

하나의 특허문서에는 실용신안등록출원에 관계되는 고안이나 발명 또는 특허출원에 부여하는 특허분류가 포함된다. 국제적으로 국가간의 기술교류가 활발해지고 다른 나라의 특허문헌을 조사해야 할 경우가 많아지면서 국가마다 특허문헌에 부여하였던 독자적 특허분류체계를 국제협약을 통해 통일된 하나의 분류체계로 확립하려는 노력이 이루어졌다. 1968년에 발명특허의 국제특허분류(International Patent Classification IPC)에 관한 내용이 담긴 IPC제1판이 유럽조약에서 처음으로 도입되었다. 더욱 많은 나라가 새로 도입된 국제특허분류를 따르길 원하였지만 IPC 제1판은 너무 유럽중심적인 문제가 있어서, 1971년스트라스부르그 협정(Strasbourg Agreement Concerning the International Patent Classification)에서 다시 개정하였다. 이 조약은 1975년 10월에 발효되었으며, 1998년까지 미국, 러시아, 독일, 영국, 프랑스, 일본 등 전세계의 많은 국가들이 가입하였다. 우리나라는 1981년 7월에 IPC를 공식적으로 도입하였으며 1999년 10월 8일에 국제특허분류에 관한 스트라스부르그 협정에 가입하였다. 기술의 개발과 관리가 변화함에 따라 특허분류도 수정되어야 하기 때문에 IPC는 1975년부터 5년마다 가맹국, 국제사무국 등의 제안에 따라 전문가위원회를 통하여 개정되고 있다.IPC는 해당 발명이 속한 기술분야를 명확히 표시하여 특허문서를 관리하고 검색할 때 효과적이다.

■ IPC구조

IPC는 섹션(section), 클래스(class), 서브클래스(sub class),메인그룹(main group), 서브그룹(sub group)으로 구성된 계층적(hierarchical) 구조를 가진다 (Wipo 2013). 다음과 같이 모든 기술 분야를 8개로 나누고 기술마다 A부터 H까지의 알파벳 기호로 나타내었다.

A: HUMAN NECESSITIES (생활필수품 등)

B: PERFORMING OPERATIONS; TRANSPORTING (운수 등)

C: CHEMISTRY; METALLURGY (화학 등)

D: TEXTILES; PAPER (섬유 등)

E: FIXED CONSTRUCTIONS (건설 등)

F: MECHANICAL ENGINEERING; LIGHTING; HEATING; WEAPONS; BLASTING (기계 등)

G: PHYSICS (물리 등)

H: ELECTRICITY (전기 등)

A부터 H까지의 기호로 분류된 섹션은 가장 큰 기술분류를 나타낸다. 하위 분류체계로 내려갈수록 구체적인 기술분류를 나타낸다. 다음 그림은 WIPO의 "INTERNATIONAL PATENT CLASSIFICATION - Version 2013, page 7"으로부터의 IPC 기술분류의 예를 나타내고 있다.

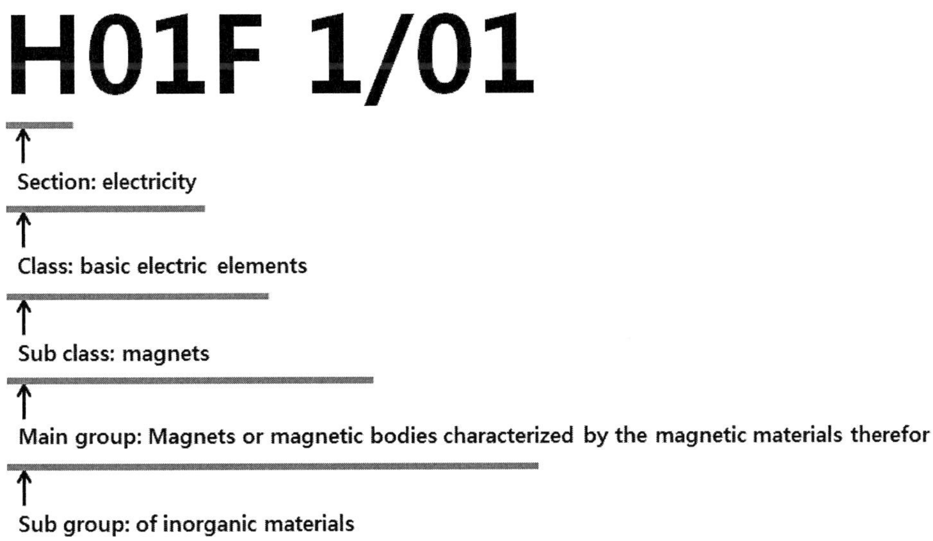

[그림 2.32] IPC구조 예

IPC 코드는 특허분석을 위한 효과적인 변수로서 사용된다. 섹션부터 서브그룹까지의 전체 구조를 사용할 수도 있고 IPC의 계층구조 중에서 일부만을 사용할 수도 있다. 이 책의 3장과 4장에서는 섹션부터 서브클래스까지의 IPC 코드를 사용하여 특허분석을 하였다. 즉, (그림 2.32)와 같은 구조에서 앞의 4자리인 "H01F" 만을 사용하였다.

2.2 텍스트마이닝을 이용한 특허데이터의 전처리

1990년대 후반부터 텍스트마이닝은 인공지능의 자연어처리(natural language processing)뿐만 아니라 바이오인포매틱스(bioinformatics), 비즈니스 인텔리전스(business intelligence)에 이르기까지 다양한 분야에서 사용되고 있다. 최근의빅데이터(big data) 환경에서 텍스트마이닝의 필요성은 더욱 더 증가되고 있다. 최근에는 계산언어학(computational linguistics), 컴퓨터학(computer science), 그리고 통계학

(statistics) 등의 학제적 연계연구(cross-disciplinary research)를 통하여 지능화된 텍스트의 처리와 분석(intelligent text processing and analysis)에 대한 활발한 연구가 이루어지고 있다 (Gelbukh, 2004).

2.2.1 텍스트마이닝(Text Mining)

텍스트마이닝은 문서군집화(document clustering), 문서분류(document classification), 자연어처리(natural language processing) 등에서 연구되어 왔다. T. W. Miller (2005)는 텍스트마이닝을 "텍스트의 자동화 처리 또는 부분적 자동화처리"로 정의하였다. 이에 비해 R. Feldman과 J. Sanger (2007)는 "텍스트마이닝은 적당한 분석도구를 이용하여 사용자와 문서가 상호작용을 하는 지식 집중화과정(knowledge-intensive process)이다"라고 정의하였다. 이 전에 M. Hearst (1999)은 텍스트마이닝을 다음과 같이 표현하였다. "텍스트마이닝은 온라인 상의 대용량 텍스트 컬렉션(collection)을 이용하여 세상에 대한 새로운 사실과 추세를 발견하는 것이다." 텍스트 마이닝은 문서에 포함된 텍스트 데이터를 전산처리 할 수 있도록 전처리(preprocessing)를 실시한 다음 분석을 위하여 의미정보를 생성하고 생성된 정보에서 의미 있는 정보를 추출한다. 추출된 데이터를 데이터베이스화하여 데이타마이닝 기법을 통하여 의미 있는 규칙을 찾는 절차를 거친다. 일반적으로 텍스트마이닝은 문서의 전처리도구로 사용된다. 하나의 문서는 텍스트뿐만 아니라 숫자, 도표, 그림 등 여러 가지 형태의 데이터로 이루어져 있기 때문에 통계학과 기계학습 알고리즘에 기반한 기존의 정량적 분석기법을 바로 적용하기에는 어려움이 있다.

2.2.2 특허데이터의 전처리

검색식에 의해 최종 수집된 특허문서는 통계학과 기계학습의 분석기법에 적당한 데이터구조는 아니다. 그러므로 정량적 특허분석을 위하여 수집된 특허문서를 전처리해야 한다. 한 개의 특허문서를 구성하는 모든 내용은 특허분석을 위한 귀중한 요소가 된다. 즉, 특허문서는 기술에 대한기업과 국가의 대부분의 연구개발 결과를 포함한다. 때문에 한 국가와 기업의 경쟁력은 보유한 특허의 양적, 질적 규모에 영향을 받는다. 이와 같은 특허문서에 포함된 기술개발의 결과는 숫자, 문자, 그림 등 다양한 형태로 표현되어 있고 그 양도 매우 방대하기 때문에 검색된 특허문서를 그대로 분석하기에는 어려움이 있다. 특허를 다루는 실무자와 분석가들은 이 문제를 해결하기 위하여 다양한 시도를 하고 있다. 텍스트마이닝은 특허문서를 기존의 데이터분석기법에 적용할 수 있도록 변형시키는 대표적인 전처리 도구(tool)이다. 특허분석에서 텍스트마이닝의 최종목표는 특허-단어 데이터 행렬(PTDM, patent-term data matrix)이다. 다음 그림은 검색된 특허문서가 최종적인 기술예측을 위하여 분석되는 과정을 나타내고 있다.

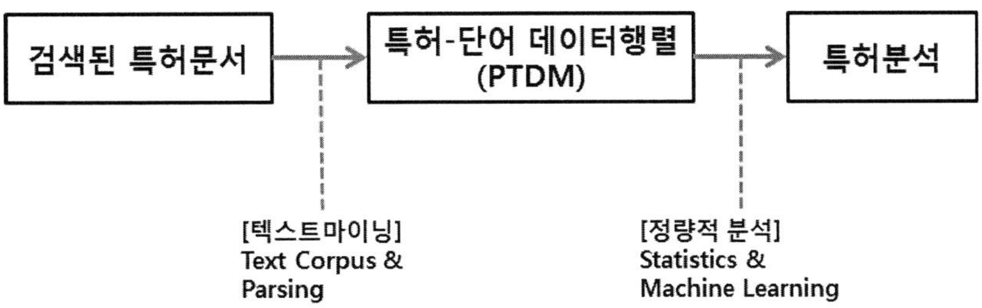

[그림 2.33] 특허문서의 전처리과정

예측이 필요한 기술분야가 결정되면 정확한 키워드 검색식을 만들어 한국특허청(KIPRIS), 미국특허청(USPTO) 등 전세계의 특허정보 데이터베이스들로부터 특허를 수집한다. 이와 같은 과정을 통하여 검색된 특허문서는 텍스트코퍼스(text corpus)와 파싱(parsing)의 텍스트마이닝 과정을 거쳐 PTDM으로 전처리 된다. 텍스트코퍼스는 특허제목, 요약 등의 텍스트 문서의 컬렉션을 나타내는 원 데이터(raw text data)를 의미한다. 아직 구조화되지 않은(unstructured) 텍스트코퍼스는파싱의 과정을 거쳐 문

법적 구조를 갖는 텍스트데이터베이스가 되고 최종적으로 PTDM을 위한 입력이 된다. 구조화된 PTDM이 성공적으로 구축되면 통계학과 기계학습에서 제공되는 다양한 분석기법들을 이용하여 특허분석이 이루어지고 이 결과를 이용하여 객관적인 기술예측이 가능하게 된다.

United States Patent 7,577,875
Nelson , et al. August 18, 2009

Statistical ***analysis*** of sampled profile ***data*** in the identification of significant software test performance regressions

Abstract

Sampled profile data provides information about processor activity during a test. Processor activity can be analyzed to determine an amount of processor resources used to execute the various functions, modules, and processes associated with a tested software activity. Statistical methods can be applied to the resource data from multiple test runs to determine whether a significant regression has occurred between a baseline test pass and a daily test pass. By collecting data at the function, module and process levels, significant regressions may be uncovered at any of the levels. Regressions may also be ranked according to their importance, which allows for identification and notification of development teams responsible for significant regressions.

Inventors: **Nelson; Bruce L.** (Woodinville, WA), **Klamik; Brian T.** (Redmond, WA)
Assignee: **Microsoft Corporation** (Redmond, WA)
Appl. No.: **11/227,799**
Filed: **September 14, 2005**

Current U.S. Class: **714/38** ; 702/57; 714/33; 717/120; 717/124
Current International Class: G06F 11/00 (20060101)
Field of Search: 714/38,33 702/57 717/120,124

[그림 2.34] 특허문서의 일부 (출처: USPTO, www.uspto.gov)

정량적 특허분석의 입력요소로서 가장 많이 사용되는 것들 중에 추출된 단어와 IPC 코드가 있다. 먼저 특허데이터에 포함된 단어를 추출하기 위해서는 출원, 등록된 특허의 제목과 요약을 이용한다. 특허제목과 기술요약은 특허분석의 대상이 되는 중요한 기술데이터 중의 하나이다. 아래 그림은 미국특허청(USPTO, The United States Patent and Trademark Office)에서 검색된 하나의 특허문서의 일부이다.

특허의 제목은 "Statistical analysis of sampled profile data in the identification of significant software test performance regressions"이고 출원된 기술의 요약된 설명은 Abstract에 잘 나타나 있다. 특허분석을 위한 구조화된 데이터형식으로 바꾸기 위하여 이 요소들에 대한 텍스트마이닝의 전처리가 수행되면 다음과 같은 특허-단어 데이터행렬을 얻게 된다.

추출된 단어

검색된 특허

	단어 1	단어 2	…	단어 m
특허 1	freq 11	freq 12	…	freq 1m
특허 2	freq 21	freq 22	…	freq 2m
⋮	⋮	⋮	⋱	⋮
특허 n	freq n1	freq n2	…	freq nm

[그림 2.35] 특허-단어 데이터행렬: PTDM

각 행(row)은 검색된 특허를 나타내고 각 열(column)은 추출된 단어를 나타낸다. 즉, 전체 n개의 특허가 검색되었고 n개의 특허문서들에 1번이상 포함된 단어는 모두 m개이다. 이 행렬의 각 원소는 각 특허문서에 포함된 특정 단어의 빈도를 나타낸다. 예를 들어 'freq 21'은 특허 2에 포함된 단어1의 출현빈도를 나타낸다. 이와 같이 구축된 구조화된 행렬은 정량적 데이터분석에서 분석이 가능한 테이블구조를 이루고 있다. 테이블구조란 각 열은 관측치(observation)를 나타내고 각 열은 변수(variable)를 나타내는 데이터구조를 말한다. 다음은 특허-단어 데이터행렬의 실제 예를 보여주고 있다.

특허번호가 91305195.9인 특허에 'datum'이라는 단어가 5번 나왔고, 'information'은 한번도 나타나지 않았으며 'memory'는 1번 나타났음을 알 수 있다. 하지만 실제 특허분석에서 특허-단어 데이터행렬을 사용할 때 발생되는 문제가 있다. 바로 희소성(sparsity) 문제이다.

	datum	information	…	memory
89306774.4	0	3	…	1
92305103.1	2	0	…	0
⋮	⋮	⋮	⋱	⋮
91305195.9	5	0	…	1

[그림 2.36] 특허-단어 데이터행렬의 실제 예

즉, 이 행렬의 상당 부분의 원소가 0의 값을 갖는 것이다. 이 문제의 해결방안에 대해서는 다음 절에서 자세히 다룬다.

특허데이터를 이용한 데이터 행렬을 만드는 두 가지 방법은 다음과 같다. 첫 번째는 (그림 2.36)과 같이 구조화된 특허데이터인 특허-단어 데이터행렬을 이용하여 다양한 분석을 할 수 있다. 각 단어를 변수로 하고, 각 특허를 관측치로 하면 대부분의 통계분석기법을 통하여 특허분석이 가능하다. 단어들 간의 상관 및 회귀분석을 통하여 각 단어들이 대표하는 기술들 간의 연관성을 찾아낼 수 있다. 이를 통해 목표로 하는 특정기술의 개발을 위하여 사전에 필요한 기술들을 찾아 낼 수 있다. 또한 각 단어를 군집변수로 하여 전체특허를 군집화 할 수 있다. 계층적군집화(hierarchical clustering), K-평균 군집화, 자기조직화지도(self-organizing maps SOM) 등 통계학과 기계학습 알고리즘에서 제공하는 대부분의 군집화 기법이 이 데이터행렬에 적용할 수 있다.

두 번째로 구축되는 구조화된 특허데이터는 특허-IPC코드 데이터행렬(patent-IPC code data matrix PICDM)이다. IPC 코드는 특허분석을 위한 효과적인 특허데이터가 된다(Jun, 2011a, Jun, 2011b). 이와 같은 IPC 코드를 이용하여 검색된 특허문서 데이터를 전처리 하게 되면 2가지 형태의 구조화된 데이터구조를 얻을 수 있다. 다음의 (그림 2.37)은 첫 번째 구축형태를 나타낸다. 데이터행렬의 각 원소의 값은 이진(binary) 값을 갖는다.

추출된 IPC 코드 (columns) / 검색된 특허 (rows)

	IPC 코드 1	IPC 코드 2	…	IPC 코드 p
특허 1	binary 11	binary 12	…	binary 1p
특허 2	binary 21	binary 22	…	binary 2p
⋮	⋮	⋮	⋱	⋮
특허 n	binary n1	binary n2	…	binary np

[그림 2.37] 특허-IPC 코드 데이터행렬(PICDM): Binary value

각 행은 검색된 개개의 특허를 나타내고 각 열은 추출된 IPC 코드를 나타낸다. 즉, 전체 p개의 IPC 코드는 n개의 검색 특허들 중에 최소한 1번 이상 나온 결과들이다. 이 행렬의 원소는 이진값을 갖는다. 즉 해당 IPC 코드가 특정 특허문서에 포함되면 1의 값을 가지며 포함되지 않으면 0의 값을 갖는다. 통계학이나 기계학습 알고리즘에서 제공하는 이진데이터 분석기법을 이용하여PICDM을 이용한 특허분석을 수행할 수 있다. IPC 코드를 이용한 또 다른 형태의 구조화된 데이터구조는 다음의 (그림 2.38)과 같다.

추출된 IPC 코드 (columns) / 검색된 특허 (rows)

	IPC 코드 1	IPC 코드 2	…	IPC 코드 p
특허 1	freq 11	freq 12	…	freq 1p
특허 2	freq 21	freq 22	…	freq 2p
⋮	⋮	⋮	⋱	⋮
특허 n	freq n1	freq n2	…	freq np

[그림 2.38] 특허-IPC 코드 데이터행렬(PICDM): Frequency value

(그림 2.37)의 PICDM과 동일한 구조이지만 이 데이터행렬의 원소는 이진 값(binary value)이 아니라 빈도 값(frequency value)을 갖는다. 예를 들어 'G09G1/28'과 'G09G5/02'는 메인 그룹 레벨부터는 서로 다른 기술코드이지만 서브 클래스 레벨에서는 같은 기술코드가 된다. 따라서 특정 특허문서에 'G09G1/28'과 'G09G5/02'를 함께 가지고 있으면 (그림 2.38)의 PICDM에서는 "G09G" 코드의 빈도는 2가 된다.

출원번호	IPC분류
89306774.4	G09G1/28, H04N1/46, G09G5/02
92305103.1	G09G5/24, G06K15/02, H04N1/411
93306254.9	G06T9/00
93250316.2	G09G5/28
91308876.1	H04N1/40
94250027.3	G06T 11/20
91305195.9	G09G5/24, G09G1/14
94301238.5	G06K15/00
92908781.5	G06K15/00, G06K15/12
92307930.5	B41J2/00, G06T11/20

[그림 2.39] 검색된 특허데이터의 출원번호와 IPC 코드

이와 같이 PICDM은 통계학과 기계학습에서 제공하는 다양한 데이터분석 기법들을 적용할 수 있다. 다음 그림은 특허출원번호와 특허에 포함된 IPC 코드 데이터의 일부를 나타낸다.

첫 번째 열은 특허의 출원번호를 나타내고 두 번째 열은 해당되는 IPC 코드를 나타낸다. 하나의 특허문서에는 1개 이상의 IPC 코드가 부여될 수 있다. 이 특허문서 데이터를 이용하여 2가지 형태의 PICDM을 만들 수 있다. 다음의(그림2.40)은 이진 값을 갖는 PICDM의 구축 예이다.

출원번호	B41J	H04N	G06K	G06T	G09G
89306774.4	0	1	0	0	1
92305103.1	0	1	1	0	1
93306254.9	0	0	0	1	0
93250316.2	0	0	0	0	1
91308876.1	0	1	0	0	0
94250027.3	0	0	0	1	0
91305195.9	0	0	0	0	1
94301238.5	0	0	1	0	0
92908781.5	0	0	1	0	0
92307930.5	1	0	0	1	0

[그림 2.40] PICDM 구축 예: Binary value

예를 들어 출원번호가 '8930677.4'인 특허문서는 H04N과 G09G 코드를 포함하고 있음을 알 수 있다. (그림 2.39)의 결과를 이용하여 확인할 수 있다. 즉, 출원번호가 '8930677.4'인 특허문서에 'G09G1/28', 'H04N1/46', 그리고'G09G5/02'의 3개의 IPC 기술코드를 가지고 있는데 'G09G1/28'와 'G09G5/02'는 모두 G09G에 속하기 때문에 이진값은 1로 처리된다. 그러나 다음 그림과 같이빈도 값으로 이루어진 PICDM에서는 2가 된다.

출원번호	B41J	H04N	G06K	G06T	G09G
89306774.4	0	1	0	0	**2**
92305103.1	0	1	1	0	1
93306254.9	0	0	0	1	0
93250316.2	0	0	0	0	1
91308876.1	0	1	0	0	0
94250027.3	0	0	0	1	0
91305195.9	0	0	0	0	**2**
94301238.5	0	0	1	0	0
92908781.5	0	0	**2**	0	0
92307930.5	1	0	0	1	0

[그림 2.41] PICDM 구축 예: Frequency value

따라서 (그림 2.41)의PICDM에서는 IPC 코드의 빈도를 계산하기 때문에 0부터 무한대까지의 빈도값을 갖게 된다. 하지만 두 가지 형태의 PICDM 모두 데이터 행렬의 원소들 중에서 상당수의 부분에서 0의 값을 갖게 된다. 특허문서의 수가 증가할수록 이와 같은 현상은 심해진다. 이와 같은 희소성(sparsity) 문제를 해결하기 위하여 다음 절에서 설명되는 차원축소(dimension reduction)를 포함한 다변량 통계분석(multivariate statistical analysis)을 사용할 수 있다.

2.3 다변량 통계분석을 이용한 차원축소

주성분분석, 요인분석 등 다변량 통계학에서 제공하는 여러 기법들은 특허분석에서 매우 유용하게 사용된다. 텍스트 마이닝의 전처리과정을 통하여 구축된 구조화된 특허데이터가 일반적으로 갖게 되는 희소성문제 해결에도 적극적으로 사용된다. 다변량 통계분석은 변수들 간의 공분산구조를 이용하여 서로 상관관계가 높은 변수들을 묶어서 하나의 잠재변수를 만들고 이를 통하여 다차원의 특허데이터를 단순화하여 효과적으로 데이터분석을 가능하게 한다.

2.3.1 주성분 분석(Principal Component Analysis, PCA)

PCA는 특허분석에서 가장 먼저 고려될 수 있는 다변량 통계분석 기법이다. 원래 PCA는 패턴인식이나 영상처리 분야 등에서 대용량의 데이터에 대한 차원축소 방법으로 많이 사용되어 왔다. PCA는 원래변수들(original variables)의 분산-공분산 구조(variance-covariance structure)를 이용하여 몇 개의 주성분을 만든다. 즉, PCA는 차원축소를 통하여 저차원 상에서 변수의 관계를 규명하는 다변량 자료분석기법이며, 주성분(principal component, PC)은 원래 변수들의 선형결합(linear combination)으로 이루어진다.

■ PCA 소개

오래 전부터 대표적인 다변량 통계분석기법으로 사용되어 온 PCA는 지금도 가장 폭넓게 사용되어지는 기법이다. K. Pearson(1901년)과 H. Hotelling(1933년)에 의해 각각 독립적으로 PCA의 개념이 연구, 소개되었지만 두 연구결과는 이론적으로 큰 차이가 없음이 Jolliffe(1984년)에 의해 밝혀졌다. PCA의 목적은 변수들 간의 연관성을 이용하여 다변량자료의 설명력을 기존 변수들의 선형결합으로 이루어진 몇 개의 새로운 변수(주성분)에 의해 나타내는 것이다. 주로 2∼3 개의 주성분으로 전체 자료의 변동을 설명하려는 것이 PCA의 차원축소의 개념이다. 다음 그림은 PCA의 절차를 나타내고 있다.

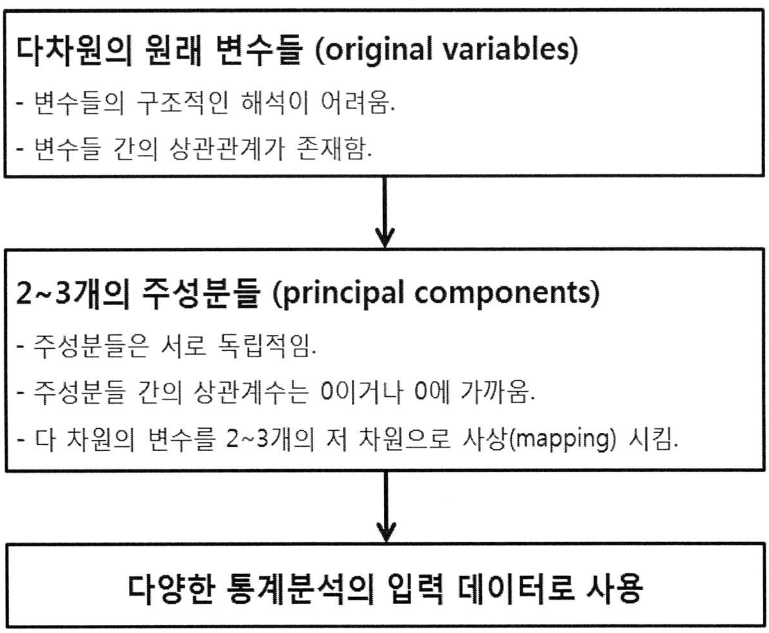

[그림 2.42] PCA의 개념 및 절차

■ PCA 모형

PCA 모형은 다음의 3가지 구성요소로 이루어진다(Johnson and Wichern, 1992).

$$X = \begin{pmatrix} X_1 \\ X_2 \\ \vdots \\ X_m \end{pmatrix}, \ \mu = \begin{pmatrix} \mu_1 \\ \mu_2 \\ \vdots \\ \mu_m \end{pmatrix}, \ \Sigma = \begin{pmatrix} \sigma_{11} \ \sigma_{12} \cdots \sigma_{1m} \\ \sigma_{21} \ \sigma_{22} \cdots \sigma_{2m} \\ \vdots \quad \vdots \quad \ddots \quad \vdots \\ \sigma_{31} \ \sigma_{32} \cdots \sigma_{3m} \end{pmatrix}$$

X는 m개의 원래 변수들을 나타내는 변수행렬(variable matrix)이고, 는 m개의 변수들에 대한 평균벡터(mean vector)이다. Σ는 m개의 변수들에 대한 공분산구조를 갖는 분산-공분산 행렬(variance-covariance matrix)이다. 다음 식과 같이 σ_{ii}는 한 개의 변수에 대한 분산을 그리고 σ_{ij}는 두 변수간의 공분산을 나타낸다.

$$\sigma_{ii} = Var(X_i), \ \sigma_{ij} = Cov(X_i, X_j)$$

σ_{ij}와σ_{ji}는 같은 공분산 값을 나타내기 때문에 는 대칭행렬(symmetric matrix)이다. 다음 식과 같이 원래 반응변수들의 선형결합으로 새로운 변수인 주성분을 얻게 된다.

$$Y_i = a_{1i}X_1 + a_{2i}X_2 + \cdots + a_{mi}X_m = (a_{1i}, \ a_{2i}, \ \cdots, \ a_m)\begin{bmatrix} X_1 \\ X_2 \\ \vdots \\ X_m \end{bmatrix} = a'_i X, \ \ i = 1, 2, \cdots, k$$

X의 분산–공분산행렬에 대한 고유치(eigen value) λ와 고유벡터(eigen vector) e는 각각 다음과 같다.

$$(\lambda_1, e_1), \cdots, (\lambda_k, e_k), \ \ \lambda_1 \geq \lambda_2 \geq \cdots \geq \lambda_k$$

고유치는 원래 변수들로부터 계산된 분산-공분산행렬 내의 정보의 양(설명력)을 나타낸다. 즉, 고유치는 주어진 데이터의 분산을 의미하며 첫 번째 고유치가 가장 큰 값을 가지며 이후 순서대로 계산된다. 만약 고유치가 음수 값을 갖게 되면 해당 고유치와 이에 해당되는 주성분은 의미가 없게 된다. 고유치와 고유벡터는 최대로 변수의 개수만큼 계산된다. 이와 같은 고유치와 고유벡터를 이용하여 i번째 주성분을 나타내면 다음과 같다.

$$Y_i = e_i{}'X, \quad i = 1, 2, \cdots, k$$

또한 각 주성분의 분산과 공분산은 다음과 같다.

$$Var(Y_i) = e_i{}'\Sigma e_i = \lambda_i$$

$$Cov(Y_i, Y_j) = e_i{}'\Sigma e_j = 0, \quad i \neq j$$

예제 1

변수 X_1, X_2, X_3, X_4, X_5가 다음과 같은 분산-공분산행렬을 갖는다.

$$\Sigma - \begin{pmatrix} 2 & 0 & 3 & 0 & 1 \\ 0 & 3 & 1 & -2 & 0 \\ 3 & 1 & 1 & 0 & 0 \\ 0 & -2 & 0 & 4 & -1 \\ 1 & 0 & 0 & -1 & 5 \end{pmatrix}$$

이 때 고유치와 고유벡터를 구하면 다음과 같다.

Eigen value, eigen vector

$\lambda_1 = 6.45, \quad e'_1 = (0.295, 0.406, 0.545, 0.241, 0.627)$

$\lambda_2 = 4.78, \quad e'_2 = (0.403, -0.477, 0.250, -0.718, 0.179)$

$\lambda_3 = 4.23, \quad e'_3 = (0.237, 0196, 0.583, 0.018, -0.752)$

$\lambda_4 = 1.27, \quad e'_4 = (-0.576, 0.524, 0.137, -0.611, 0.047)$

$\lambda_5 = -1.74, \quad e'_5 = (0.602, 0.543, -0.531, -0.229, -0.086)$

가장 큰 고유치를 갖는 제1주성분(PC1)은 다음과 같이 표현된다.

$$Y_1 = 0.295X_1 + 0.406X_2 + 0.545X_3 + 0.241X_4 + 0.627X_5$$

즉, PC1은 상대적으로 X_2, X_3 그리고 X_5로 설명될 수 있다. 즉 PC1은 이 3개의 변수들을 이용하여 정의할 수 있다. 다음으로 두 번째로 큰 설명력을 갖는 PC2는 X_1에 의해 설명될 수 있다.

다음은 위 예제의 고유치와 고유벡터를 구하는 R 코드이다.

```
>S=c(2,0,3,0,1,0,3,1,-2,0,3,1,1,0,0,0,-2,0,4,-1,1,0,0,-1,5) # 분산-공분산 행렬을 위한원소 값 입력
> S.M=matrix(S, nrow=5)  # 분산-공분산 행렬 구축
> S.M  # 구축된 분산-공분산 행렬 출력

     [,1] [,2] [,3] [,4] [,5]
[1,]    2    0    3    0    1
[2,]    0    3    1   -2    0
[3,]    3    1    1    0    0
[4,]    0   -2    0    4   -1
[5,]    1    0    0   -1    5
> eigen(S.M)  # 고유치와 고유벡터 구하기
$values
[1]  6.445678  4.784354  4.233323  1.274112 -1.737468

$vectors
           [,1]       [,2]       [,3]        [,4]        [,5]
[1,]  0.2951822  0.4063993  0.5448146  0.24108221  0.62670843
[2,]  0.4028944 -0.4768410  0.2496775 -0.71834202  0.17873080
[3,]  0.2365988  0.1961648  0.5827198  0.01789276 -0.75210232
[4,] -0.5758228  0.5235090  0.1373933 -0.61094256  0.04731457
[5,]  0.6024888  0.5430654 -0.5314121 -0.22867697 -0.08599579
```

■ 주성분점수(Principal component score)

각관측값에 대하여 PC_1의 선형식에서 추정된 적재값과 X_1, X_2, $\cdots$, X_m의 구체적인 관측값을 대입하면 PC_1에 대한 값을 구할 수 있고, 이 값을 PC_1에 대한 주성분 점수(principal component score)라고 한다. PC_2, PC_3, $\cdots$ 등도 같은 방법으로 구한다. 특허문서의 전처리 과정에서 발생한 희소성문제 등의 해결을 위하여 주성분 점수를 사용할 수 있다. 주성분점수의 평균은 0이고 분산은 고유값이 된다. 일반적으로 제1주성분과 제2주성분을 이용하여 주어진 데이터를 시각화 (2차원 산점도)하여 전체적인 경향을 파악할 수 있다. 또한 주성분 점수는 0을 중심으로 주어진 관측값을 세분화할 수 있다.

2.3.2 PCA를 이용한 특허-단어 데이터행렬(PTDM)의 차원축소 및 희소성 문제 해결

검색된 n개의 특허문서를 전처리하여 얻게 되는 특허-단어 데이터행렬(PTDM)에서 특허의 수 n에 비해 단어의 수 m은 매우 큰 값을 갖는다. 보통 수백 개의 특허문서에 대하여 수천 개의 단어가 존재한다. 즉, n(특허 수)에 비하여 m(단어 수)은 매우 큰 값을 갖게 된다($n << m$). 전통적인 통계분석기법들은 모두 관측치(observation)인 행(n)의 크기가 변수(variable)인 열(m)의 크기보다는 커야 한다. 하지만 PTDM은 반대로 열의 크기가 행의크기에 비해 매우 크기 때문에 분석에 어려움이 있다. 이와 같은 문제점을 해결하기 위하여 PCA를 사용한다. 다음 그림은 PCA를 통하여 PTDM이 특허-주성분 데이터행렬(patent-principal component data matrix, PPCDM)로 변형되는 모습을 나타내고 있다.

	단어 1	단어 2	…	단어 m
특허 1	freq 11	freq 12	…	freq 1m
특허 2	freq 21	freq 22	…	freq 2m
⋮	⋮	⋮	⋱	⋮
특허 n	freq n1	freq n2	…	freq nm

[PTDM]

	주성분 1	주성분 2	…	주성분 k
특허 1	score 11	score 12	…	score 1k
특허 2	score 21	score 22	…	score 2k
⋮	⋮	⋮	⋱	⋮
특허 n	score n1	score n2	…	score nk

[PPCDM]

[그림 2.43] 특허-단어 데이터행렬(PTDM)과 특허-주성분 데이터행렬(PPCDM)

다음과 같은 주성분 구조에 의해 m차원의 단어는 k차원의 주성분으로 바뀐다. 물론 단어 수에 비해 주성분 수는 매우 작다(k<<m).

$$\text{주성분}1 = a_{11}\text{단어}1 + a_{12}\text{단어}2 + \cdots + a_{1m}\text{단어}m$$

$$\text{주성분}2 = a_{21}\text{단어}1 + a_{22}\text{단어}2 + \cdots + a_{2m}\text{단어}m$$

$$\vdots$$

$$\text{주성분}k = a_{k1}\text{단어}1 + a_{k2}\text{단어}2 + \cdots + a_{km}\text{단어}m$$

하나의 주성분은 전체 단어들로 이루어진 선형결합에 의해 정의된다. 주성분 적재값(loading) a_{ij}는 주성분 i와 단어 j 사이의 연관성의 크기를 나타낸다. 각 주성분에 대한 정의는 해당 주성분에서 큰 적재값을 갖는 단어들을 이용한다. 예를 들어 banking, energy, green, internet, networking, 그리고 social로 이루어진 6개의 단어에 대하여 다음과 같이 상위 3개의 주성분이 구해지면 주성분 적재값을 이용하여 각 주성분을 정의할 수 있다.

PC1=2.14*banking+0.01*energy+0.20*green+1.98*internet+0.41*networking+0.09*social
PC2=0.21*banking+3.02*energy+2.86*green+0.05*internet+0.32*networking+0.08*social
PC3=0.06*banking+0.62*energy+0.33*green+0.08*internet+2.56*networking+1.89*social

주성분1(PC1)은 다른 단어에 비해 banking과 internet의 적재값이 크기 때문에 이 단어들을 이용하여 정의할 수 있다. 즉 PC1은 '인터넷 뱅킹'에 대한 잠재변수가 된다. 같은 방법으로 PC2와 PC3는 각각 '그린에너지'와 '사회네트워크'를 나타낸다. 즉 6개의 단어가 공분산구조에 의해 서로 유사한 단어들끼리 자연스럽게 묶여서 3개의 주성분을 구성한다. 이와 같은 방법으로 차원축소가 이루어진다.

	datum	information	…	memory
89306774.4	0	3	…	1
92305103.1	2	0	…	0
⋮	⋮	⋮	⋱	⋮
91305195.9	5	0	…	1

[PTDM]

	PC 1	PC 1	PC 3
89306774.4	0.2564	2.1041	3.2142
92305103.1	1.2545	1.1325	0.2543
⋮	⋮	⋮	⋮
91305195.9	2.1524	0.5297	1.2351

[PPCDM]

[그림 2.44] PPCDM 구축 예

■ PCA를 이용한 특허-IPC 코드 데이터행렬(PICDM)의 차원축소 및 희소성 문제 해결

PTDM의 경우에 마찬가지로 PICDM에 대하여도 같은 방법으로 PPCDM을 구축할 수 있다. 다음 그림은 PCA를 통하여 PICDM이 PPCDM로 변형되는 모습을 나타내고 있다.

	IPC 코드 1	IPC 코드 2	⋯	IPC 코드 p
특허 1	freq 11	freq 12	⋯	freq 1p
특허 2	freq 21	freq 22	⋯	freq 2p
⋮	⋮	⋮	⋱	⋮
특허 n	freq n1	freq n2	⋯	freq np

[PICDM]

↓

	주성분 1	주성분 2	⋯	주성분 k
특허 1	score 11	score 12	⋯	score 1k
특허 2	score 21	score 22	⋯	score 2k
⋮	⋮	⋮	⋱	⋮
특허 n	score n1	score n2	⋯	score nk

[PPCDM]

[그림 2.45] 특허-IPC 코드 데이터행렬(PICDM)과 특허-주성분 데이터행렬(PPCDM)

다음과 같은 주성분 구조에 의해 p차원의 IPC코드는 k차원의 주성분으로 바뀐다. 물론 IPC코드 수에 비해 주성분 수는 매우 작다($k << p$).

$$주성분1 = b_{11}IPC1 + b_{12}IPC2 + \cdots + b_{1p}IPCp$$

$$주성분2 = b_{21}IPC1 + b_{22}IPC2 + \cdots + b_{2p}IPCp$$

$$\vdots$$

$$주성분k = b_{k1}IPC1 + b_{k2}IPC2 + \cdots + b_{kp}IPCp$$

하나의 주성분은 전체 IPC코드들로 이루어진 선형결합에 의해 정의된다. 주성분 적재값(loading) b_{ij}는 주성분 i와 IPC코드 j사이의 연관성의 크기를 나타낸다. 각 주성분에 대한 정의는 해당 주성분에서 큰 적재값을 갖는 IPC코드들을 이용한다.

학습정리 2장

1. 특허(patent)는 발명자에 의해 제안(출원, 등록)된 발명에 대해서 법적으로 보장된 배타적인 권리(exclusive right)를 일정기간 동안 보장하는 것이다.

2. 특허명세서는 발명자가 특허청에 자신의 발명을 출원할 때 발명의 결과에 대한 상세한 내용을 기술한 문서를 의미한다.

3. 특허명세서에는 발명의 명칭, 기술분야, 배경기술, 발명의 내용, 특허청구범위, 요약서, 도면 등으로 구성된다.

4. KIPRIS(Korea Intellectual Property Rights Information Service)는 한국특허정보원에서 산업재산권(상표, 실용, 디자인, 특허)에 관한 정보를 데이터베이스화하여 무료로 검색이 가능하도록 한 국내 최대의 특허전문 검색 사이트이다.

5. KIPRI에서 검색을 위한 기본 연산자는 다음과 같다.

구분	연산자	사용예	상세설명
OR	+	핸드폰+휴대폰	핸드폰과 휴대폰 중하나라도 포함하는 것을 검색
AND	*	휴대폰*카메라	휴대폰과 카메라를 모두 포함하는 것을 검색
NOT	!	레이저*포인터!펜	레이저와 포인터는 포함하지만 펜은 포함하지 않는 것을 검색
NEAR	·	카메라·2핸드폰	카메라와 핸드폰이 2개이하의 단어를 사이에 두고 인접해 있는 경우를 검색

6. WIPSON은 온라인 특허검색서비스를 유료로 제공하는 특허검색사이트(http://www.wipson.com)로 국내 특허 및 실용신안뿐 아니라 미국, 유럽, 일본, 중국 등 전세계 국가의 지식재산권 정보를 제공하며 일본특허의 경우 전문 번역이 제공된다.

7. WIPSON에서 검색을 위한 기본 연산자는 다음과 같다.

구분	연산자	사용예	상세설명
OR	+	핸드폰+휴대폰	핸드폰과 휴대폰 중하나라도 포함하는 것을 검색
AND	*	휴대폰*카메라	휴대폰과 카메라를 모두 포함하는 것을 검색
NOT	!	레이저*포인터!펜	레이저와 포인터는 포함하지만 펜은 포함하지 않는 것을 검색
NEAR	·	카메라·2핸드폰	카메라와 핸드폰이 2개이하의 단어를 사이에 두고 인접해 있는 경우를 검색

8. WIPSON에서 검색을 위한 인접 연산자 및 절단 기호는 다음과 같다.

구분	연산자	사용예	상세설명
Adj	Adj[n]	핸드폰 Adj2 케이스	핸드폰과 케이스 두 단어가 순서대로 두 단어 거리 이내에 있는 문서를 검색
Near	Near[n]	핸드폰 Near2 케이스	핸드폰과 케이스 두단어가 순서와 관계없이 두 단어 이내에 있는 문서를 검색

절단기호	사용예	상세설명
*	핸드폰*	핸드폰 뒤에 오는 문자의 수에 상관없이 "핸드폰케이스", "핸드폰화면" 등과 같은 정보가 검색
?	핸드폰????	"핸드폰제조", "핸드폰액정" 등과 같이 뒤에 한글 2글자가 더 포함되는 정보가 검색

9. 국제특허분류(IPC)는 특허분류체계를 국제적으로 통일시키기 위해 세계지식재산기구(WIPO)가 제정한 특허문서의 기술 별 분류를 위한 코드이며 영문과 숫자로 구성되며 크게 8개의 섹션으로 나누어져 있으며 계층적 구조(hierarchical structure)를 갖는다.

10. 텍스트 마이닝은 문서에 포함된 텍스트 데이터를 전산처리 할 수 있도록 전처리(preprocessing)를 실시한 다음 분석을 위하여 의미정보를 생성하고 생성된 정보에서 의미 있는 정보를 추출하는 것이다.

11. PCA는 변수간의 연관성을 이용하여 다변량 자료의 설명력을 기존 변들의 선형결합으로 이루어진 새로운 변수(주성분)로 차원축소를 하여 자료를 분석하는 기법이다.

연습문제 2장

1. 특허명세서를 구성하는 요소를 나열하고 각 요소에 대하여 설명하라.

2. 특허 데이터 수집을 위한 대표적인 특허데이터베이스(검색사이트)에 대하여 설명하라.

3. KIPRIS에서 "삼성전자의 flexible display" 기술에 관한 검색식을 작성하라.

4. WIPSON에서 "G전자의 스마트 장치(ex. 스마트폰, 스마트 TV, 스마트 카드 등)" 기술에 관한 검색식을 작성하라.

5. 기술예측을 위한 특허문서 전처리과정에 대하여 설명하라.

6. 기술예측을 위하여 특허-단어 데이터 행렬을 만들어 분석을 할 경우 야기되는 문제와 해결방안에 대하여 설명하라.

제3장 기술예측기법

기술예측을 위한 접근방법은 크게 3가지로 구분될 수 있다. 첫 번째는 정성적(qualitative) 방법에 의한 기술예측이다. 즉, 델파이(Delphi)와 같이 전문가의 경험과 판단에 의존하여 미래기술을 예측한다. 두 번째는 정량적(quantitative) 방법에 의한 미래기술에 대한 예측이다. 이 방법은 기술예측을 위하여 특허문서와 같이 개발된 기술정보를 포함하는 객관적 데이터를 통계학과 기계학습 알고리즘에 의해 분석하는 것이다. 마지막 방법은 정성적 방법과 정량적 방법을 결합한 기술예측방법이다. 이와 같은 결합적 방법은 특허분석으로 얻게 된 기술예측결과를 해당분야의 전문가로부터 다시 한번 확인하는 과정을 거친다. 전통적으로 대부분의 기술예측은 정성적 접근방법에 의존하여 왔지만, 이것은 전문가의 주관적 견해에 따라 예측결과의 편차가 클 수 있기 때문에 전문가선정 및 조사방법 관리에 신중해야 한다. 이 책에서는 기술예측을 위하여 정량적 분석기법으로서 군집화, 연관규칙 마이닝, 그리고 사회네트워크분석 등을 다룬다. 물론 더 많은 다양한 통계학과 기계학습 알고리즘들이 기술예측을 위한 특허분석에 사용될 수 있을 것이다. 이에 대한 설명은 4장에서 추가로 소개할 것이다.

3.1 군집화

군집화(clustering)는 주어진 데이터의 각 개체에 대하여 주어진 유사성측도(similarity measure)를 이용하여 서로 유사한 것들끼리 그룹화하는 과정이다. 이 때 같은 군집 내의 개체들에 대한 분산은 최소가 되고, 서로 다른 군집에 속한 개체들 간의 분산은 최대가 되도록 군집화가 이루어진다. 가장 우선적으로 고려되는 유사성측도 중 하나는 유클리디언 거리(Euclidean distance)이다. 다음은 두 개체 X와 Y 사이의 유클리디언 거리를 나타낸다(Johnson and Wichern, 1992).

$$X = (x_1, x_2, \cdots x_p,)', \quad Y = (y_1, y_2, \cdots y_p,)'$$

$$d(X, Y) = \sqrt{(x_1 - y_1)^2 + (x_2 - y_2)^2 + \cdots + (x_p - y_p)^2}$$

즉, 유클리디언 거리, $d(X, Y)$는 두 개체간 p개의 변수에 대한 각각의 차이에 대한 제곱합에 대한 제곱근값으로 정의된다. 이 값이 작을수록 두 개체간의 유사성은 크게 된다. 따라서 개체간의 거리측도가 작은 개체들끼리 같은 군집에 속하게 된다. 특허군집화(patent clustering)에서는 각 특허문서가 군집화의 개체에 해당된다. 서로 유사한 특허들끼리 묶여서 하나의 기술군집을 이루고 이 군집화 결과를 이용하여 미래의 공백기술(vacant technology) 등을 예측한다.

군집분석(cluster analysis)는 군집화를 통하여 데이터를 탐색하는 분석기법이다. 특허군집분석도 특허군집화를 이용하여 기술예측을 위한 특허분석을 수행하는 것이다. 군집분석을 수행하기 위한 데이터구조는 다음과 같다.

$$X = \begin{pmatrix} x_{11} & x_{12} & \cdots & x_{1p} \\ x_{21} & x_{22} & \cdots & x_{2p} \\ \vdots & \vdots & \ddots & \vdots \\ x_{n1} & x_{n2} & \cdots & x_{np} \end{pmatrix}$$

행렬 X의 행(row)은 n개의 개체인 관측값(observations)이고 열(column)은 p개의

군집변수로 이루어진다. 군집분석의 목적은 n개의 관측치를 내부적으로는 동질적(homogeneous)이고, 외부적으로 이질적인(heterogeneous) 집단으로 묶는 것이다. 2장의3절에서 설명된 주성분분석은 행렬 X에 속한 p개 변수들 간의 공분산구조(covariance structure)를 이용하여 서로 유사한 변수들끼리 묶는 것이다. 이와 비슷한 개념으로 군집분석은 n개 개체들 간의 유사성측도를 이용하여 서로 유사한 관측치들을 묶어 나가는 것이다. 두 방법 모두 차원의 축소라는 관점에서는 동일한 목표를 추구한다. 즉, 주성분분석을 열(변수)에 대한 차원축소이고 군집분석은 행(관측치)에 대한 차원축소가 이루어지는 것이다. 데이터 행렬 X의 모든 개체에 대하여 유클리디언 거리를 계산하여 다음과 같은 거리행렬(distance matrix)을 만든다.

$$D=\begin{pmatrix} d_{11} & d_{12} & \cdots & d_{1n} \\ d_{21} & d_{22} & \cdots & d_{2n} \\ \vdots & \vdots & \ddots & \vdots \\ d_{n1} & d_{n2} & \cdots & d_{nn} \end{pmatrix}$$

거리행렬 D의 원소 d_{ij}는 개체 i와 j 사이의 유클리디언거리값을 나타낸다. 기본적으로 군집화는 거리행렬을 기반으로 이루어진다. 즉, 거리값이 작은 개체들끼리 묶이면서 최종적으로 군집화가 이루어진다. 특허분석을 위한 군집화 기법으로 이 책에서는 계층적 군집화(hierarchical clustering)과 K-평균 군집화(K-means clustering), 그리고 자기조직화지도(self-organizing map, SOM)에 대하여 설명한다. 이 방법들은 특허군집화에서 의미 있는 결과들을 제공하고 있다 (Jun et al., 2010; Jun et al., 2012). 이외에도 K-중앙개체 군집화(K-medoid clustering) (Han and Kamber, 2005), 지지벡터 군집화(support vector clustering, SVC) (Ben-Hur, et. al., 2001), 베이지안 군집화(Bayesian clustering) (Heller and Ghahramani, 2005) 등의 군집화 기법을 이용하여 효과적인 특허군집화를 수행할 수 있다.

일반적으로 군집분석에서 가장 먼저 결정해야 하는 것은 주어진 데이터에 대한 최적 군집수(optimal number of clusters)이다. 군집수 결정은 어려운 작업이지만 군집분석을 위하여 꼭 필요하다. 최적 군집수는분석가의 주관적 지식에 의해 결정될 수 있지만,AIC(Akaike information criterion) (Giudici, 2003), BIC(Bayesian information criterion) (Giudici, 2003), 실루엣너비(Silhouette width) (Everitt, et. al., 2001)와 같은 객관적 측도(measure)를 이용하여 선택된다. 특히, 실루엣너비 측도는 특허군집분석에 사용되어 타당한 결과를 보여주고 있다(Jun and Uhm, 2010). 특허 데이터는 텍스트 형태이기 때문에 연속형 수치 위주의 일반적인 군집화보다는 군집분석 과정에서 더 많은 문제점들을 해결해야 한다. 실루엣 측도는 일반적인 데이터뿐만 아니라 특허문서와 같은 텍스트 데이터의 군집화에도 우수한 결과를 기대할 수 있다 (Jun and Uhm, 2010).

3.1.1 실루엣측도

실루엣너비 측도는 군집 내의 개체 i에 대하여, 인덱스 $s(i) \in [-1,1]$s에서 $a(i)$와 $b(i)$사이의 표준화된 차이(standardized difference)로 정의된다 (Everitt, et al., 2001; Rousseeuw, 1987). 여기서 $a(i)$는 개체 i와 i가 속한 군집내의 모든 다른 개체들 간의 평균 비유사성(average dissimilarity)을 나타내고, $b(i)$는 개체 i와 가장 가까운 군집(nearest cluster)내의 모든 개체들 간의 평균 비유사성을 나타낸다. $s(i)$값이 1에 가까울수록 개체 i는 근처에 있는 군집(neighboring cluster)보다 자신이 속한 군집에 더 유사성이 큼을 나타낸다. 즉, 그룹화가 잘 이루어짐을 의미한다. 같은 기준으로 $s(i)$가 -1에 가까울수록 개체 i는 자신이 속한 군집보다 근처의 다른 군집과의 유사성이 더 큼을 나타낸다. 즉, 잘못 군집화되는 것이다. 또한 $s(i)$가 0 근처이면 개체 i를 어느 군집에 그룹화해야 할지 분명하지 않음을 의미한다. 다음 표는 실루엣 값 $s(i)$에 따른 개체 i에 대한 군집화 성능평가에 대한 판단기준을 나타낸다.

〈표 3.1〉 실루엣 값에 따른 개체의 군집화 성능판정

실루엣 값	개체 i에 대한 군집화 성능판정
1에 가까움	개체 i는 최적의 군집에 할당되었음
0에 가까움	개체 i군집할당에 대한 판정이 어려움
−1에 가까움	개체i는 최악의 군집에 할당되었음

따라서 n개의 개체에 대한 모든 $s(i)$값에 대한 합인 다음의 S값이 가장 큰 경우에 해당되는 군집결과를 최적 군집수로 결정한다.

$$S = \sum_{i=1}^{n} s_i$$

그러므로 실루엣측도를 이용한 최적 군집수 결정은 군집수를 바꾸어 가면서 S값을 계산하여 가장 큰 S값을 갖는 군집수를 최적으로 결정한다. 예를 들어, 다음 그림은 군집수가 2, 3, 4, 그리고 5일 때 계산된 실루엣 값(S)을 나타내고 있다. 군집수가 3일 때 가장 큰 실루엣 값을 갖게 됨을 알 수 있다. 따라서 최적 군집수는 3으로 결정된다.

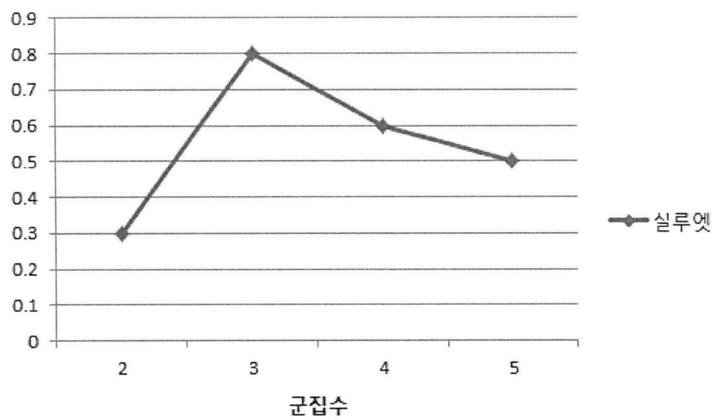

[그림 3.1] 실루엣 측도를 이용한 군집수 결정 예

이와 같이 실루엣너비 측도를 이용하여 최적 군집수가 결정되면 계층적 군집화, K-평균 군집화 등 여러 군집분석에서 군집수로 사용된다.

3.1.2 계층적 군집화

계층적 군집화(hierarchical clustering) 방법은 주어진 개체들에 대한 계층적 분해(decomposition) 과정을 통하여 군집화가 이루어진다(Han and Kamber, 2001). 계층적 분해과정은 병합적(agglomerative) 또는 분할적(divisive) 방법에 의해 개체를 그룹화하는 것이다. 병합적 방법은 상향식(bottom-up) 군집화 방식이다. 즉, 개개의 개체는 각각이 1개의 군집이 되어 최초군집화가 시작되고, 서로 유사한 개체들끼리 묶여 가면서 군집들이 형성되고 최종적으로 모든 개체가 포함되는 1개의 군집이 될 때가지 군집화는 진행된다.

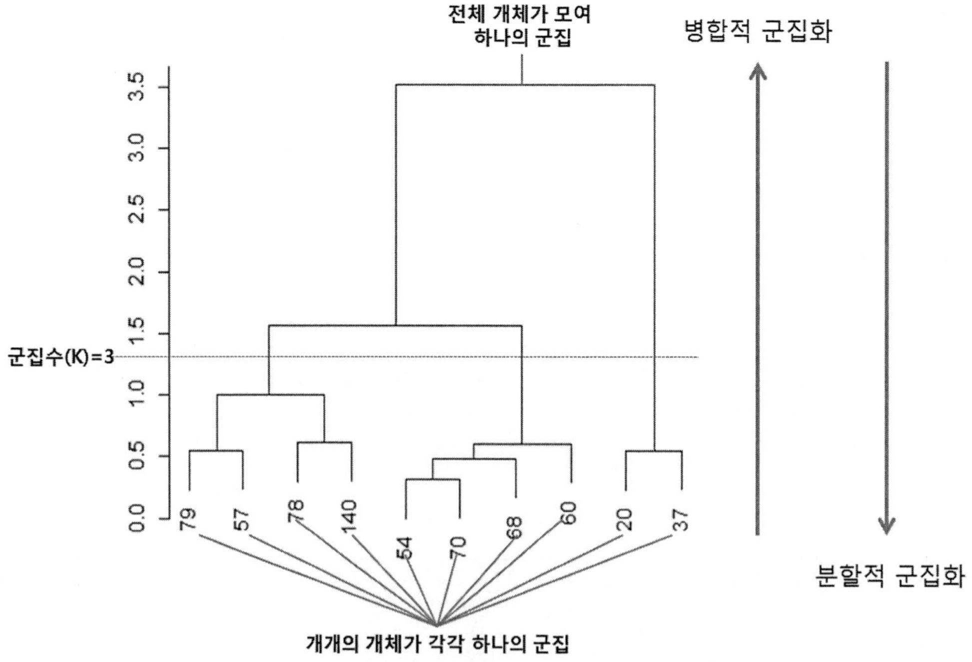

[그림 3.2] 계층적 군집화의 예

이에 비해 분할적 방법은 하향식(top-down) 군집화로서 모든 개체를 포함한 1개의 군집으로부터 시작하여 서로 더 작은 군집들로 분할되어 가면서, 마지막으로 모든 개체가 1개의 군집으로 될 때까지 군집화는 계속된다. 다음 그림은 이와 같은 계층적 군집화의 예이다.

총 10개의 특허문서(20, 37, 54, 57, 60, 68, 70, 78, 79, 140) 가 있을 때, 각 특허를 서로 유사한 것끼리 묶기 위해서 계층적 군집화를 수행하면 위와 같은 댄드로그램(dendrogram)의 결과를 얻게 된다. 우선 병합적 군집화로 접근하면 특허 79와 57이 하나의 군집으로 묶이고 78과 140이 마찬가지로 한 개의 군집이 된다. 그리고 이들 군집이 다시 하나의 군집을 형성한다. 나머지 다른 특허들도 마찬가지로 군집화가 진행된다. 계속된 군집화 과정을 통하여 가장 윗부분에는 1개의 군집이 남게 된다. 만약 위 그림에서 최적 군집수가 3으로 미리 결정되었다면 계층적 군집화는 전체 군집이 3개가 되는 시점에서 멈추면 된다. 즉, 위 그림의 수평선에서 결정된 군집결과는 다음과 같다.

군집1 = (79, 57, 78, 140)
군집2 = (54, 70, 68, 60)
군집3 = (20, 37)

분할적 군집화도 병합적 군집화와 같은 계층적 방식으로 군집화가 이루어지지만 군집화 진행방향은 병합적 방법과는 반대가 된다. 계층적 군집화에서 우선적으로 필요한 것은 본격적인 군집화가 이루어지기 전에 주어진 데이터에 대한 최적 군집수를 결정하는 것이다. 따라서 이전에설명한 실루엣측도를 이용하여 먼저 최적 군집수를 결정하는 것이 필요하다. 계층적 군집화에서 일단 군집화가 진행되면(병합 또는 분할) 한 번 묶기거나 나누어진 개체들은 다시 바뀔 수 없다. 계층적 군집화 이외의 다른 군집화에서는 한 번 묶였던(나누어진) 개체들의 할당이 군집화가 진행되는 과정에서 언제든지 바뀔 수 있다. 계층적 군집화의 이와 같은 특성은 다른군집화 기법들에 비해 빠른 컴퓨팅 시간을 제공해 주지만 동시에 군집분석의 결과에 대한 유연성이 떨어질 수 있다. 따라서 계층적 군집화에서는 개체들간의 비유사성을 나타내는 거리측도의 적절한 선택을 통하여 이 문제의 해결에 대한 노력을 할 수 있다. 두 군집 C_1과 C_2간의 비유사성을 나타내는 측도로는 단순연결, 완전연결, 그리고 평균연결 거리가 있다. n_1과 n_2를 각각 군집 C_1과 C_2내의 개체수라고 할 때 다음은 각 측도에 대한 정의를 나타낸다 (Giudici, 2003).

- 단순연결(single linkage) 거리

두 군집 C_1과 C_2사이의 단순연결 거리는 두 그룹 내의 각 개체들 간의 $(n_1 \times n_2)$개의 거리들 중에서 최소값으로 정의된다.

$$d(C_1,\ C_2) = \underset{all\ i,j}{\mathrm{Min}}\left(\mathrm{d_{ij}}\right),\ \mathrm{i} \in \mathrm{C_1}\ \text{ and }\ j \in C_2$$

- 완전연결(complete linkage) 거리

두 군집 C_1과 C_2사이의 완전연결 거리는 두 그룹 내의 각 개체들 간의 $(n_1 \times n_2)$개의 거리들 중에서 최대값으로 정의된다.

$$d(C_1,\ C_2) = \underset{all\ i,j}{\mathrm{Max}}\left(\mathrm{d_{ij}}\right),\ \mathrm{i} \in \mathrm{C_1}\ \text{ and }\ j \in C_2$$

- 평균연결(average linkage) 거리

두 군집 C_1과 C_2사이의 평균연결 거리는 두 그룹 내의 각 개체들 간의 $(n_1 \times n_2)$개의 거리들의 평균값으로 정의된다.

$$d(C_1,\ C_2) = \frac{1}{n_1 n_2}\sum_{i=1}^{n_1}\sum_{j=1}^{n_2} d_{ij},\ i \in C_1\ \text{ and }\ j \in C_2$$

3.1.3 K-평균 군집화

K-평균 군집화는 비계층적(non-hierarchical) 군집화 기법들 중에서 가장 일반적으로 사용되는 군집분석 기법이다. K는 군집수를 나타낸다. 따라서 K-평균 군집화를 수행하기 위해서는 우선적으로 주어진 데이터의 최적 군집수를 결정해야 한다. 최적 군집수 K가 결정되면전체 데이터 개체들은 *K*개의 군집으로 그룹화된다. 이 때 K개의 군집들은 군집 내의 개체들은 서로 유사한(similar) 형태로 그리고 서로 다른 군집에 속한 개체들끼리는 비유사한(dissimilar) 형태로 묶일 수 있도록 군집화가 수행된다. 다음은 K-평균 군집화 과정을 단계별로 설명한다 (Han and Kamber, 2001).

입력: 최적 군집수(K)와 주어진 데이터의 개체 수(n)

결과: *K*개의 군집들과 각 군집에 속한 개체들

- 군집화 과정:

  (1) 초기에 *K*개의 군집중심(cluster centers)을 결정

  (2) 사전에 정한 범위 내에서 더 이상 변화가 없을 때까지 아래의 군집화 과정을 반복

    2-1) 각 개체를 군집 내의 개체들의 평균값과 비교하여 가장 유사한 군집에 할당(assign) 또는 재할당(reassign)

    2-2) 각 군집의 개체들의 평균값을 계산하여 각 군집의 평균을 갱신(updating)

즉, K-평균 군집화는 개별 군집의 개체들을 이용하여 해당군집의 평균값을 계산하고, 이 과정을 반복하여 주어진 데이터의 개체들이 *K*개의 최종 갱신된 군집으로 할당되는 군집분석 기법이다. K-평균 군집화에서는초기에 *K*개의 군집평균을 어떻게 결정하는가에 따라 최종 군집결과에 영향을 미친다. 그러므로 초기 *K*개의 군집중심의 효율적인 결정이 매우 중요하다. 분석가의 사전경험에 의해 결정될 수도 있고, 임의의 값에 의해초기 군집중심이 결정되기도 한다. 물론 실루엣 측도와 같은방법에 의해 결정될 수도 있다.

K-평균 군집화 과정에서 각 개체는 개체와 군집평균과의 거리측도에 의해가장 유사도가 큰 군집에 할당된다. 이 때 새로운 개체가 할당된 군집의 군집평균은 다시 계산된다. 이와 같은 개체의 할당과 재할당, 그리고 군집평균의 갱신은 주어진 범위 안에서 더 이상 군집평균의 변화가 없을 때가지 반복된다. 일반적으로 K-평균 군집화의 반복을 정지하기 위하여 사용되는 제곱오차 기준(squared error criterion)은 다음과 같다 (Han and Kamber, 2001).

$$SS_E = \sum_{i=1}^{n}\sum_{j=1}^{K}(o_i - m_j)^2$$

위 식에서 SSE는 제곱오차 합(sum of squared error)이고 o_i는 i번째 개체, 그리고 m_j는 j번째 군집의 평균을 나타낸다. 다음 그림은 앞절의 계층적 군집화의 예를 K-평균 군집화로 군집분석한경우이다.

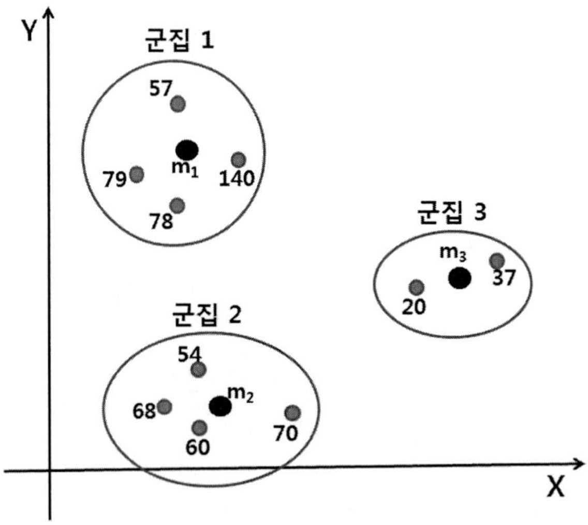

[그림 3.3] K-평균 군집화의 예

3개의 군집에 각각 할당된 특허문서의 번호와 각 군집의 군집평균(m_1, m_2, m_3)을 구할 수 있다. 이와 같이 K-평균 군집화는 군집분석의 결과를 쉽게 이해할 수 있고, 새로운 특허문서가 추가될 때 기존의 군집과의 거리를 계산하여 가장 가까운 군집에 할당하면 추가적인 군집분석을 수행하지 않고 군집결과를 갱신할 수 있는 장점이 있다. 다음 그림은 새로운 특허문서(특허번호=100)가 추가될 때 이 특허에 대한 군집할당의 예를 보여준다.

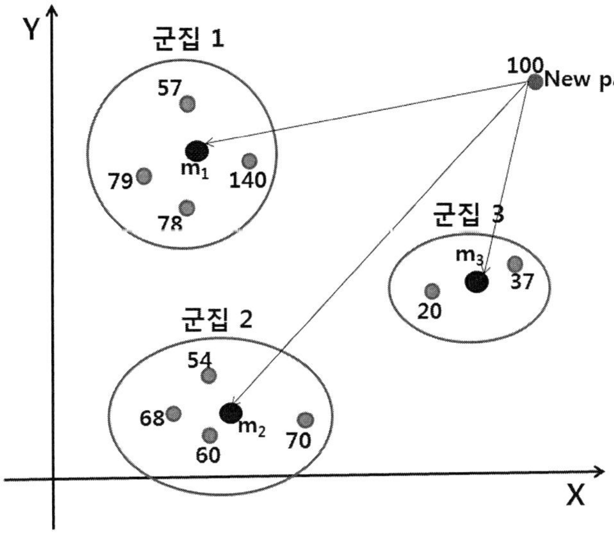

[그림 3.4] K-평균 군집화에서 새로운 특허문서의 할당

특허번호가 100인 새로운 특허는 3개 군집과의 거리를 계산하여 가장 작은 값을 갖는 군집 3에 할당된다.

3.1.4 자기조직화 지도

계층적 군집화와 K-평균 군집화는 사전에 군집 수를 결정해야 한다. 하지만 자기조직화 지도(Self-Organizing Maps; SOM)는 이와 같은 최적 군집수에 대한 결정을 요구하지 않는 유연한 군집분석 기법이다. T. Kohonen에 의해 제안되어서 코호넨네트워크(Kohonen network)라고도 불리는 SOM은 데이터 개체들을 서로 동질적인(homogeneus) 그룹으로 군집화하는 경쟁적(competitive) 신경망(neural networks) 기반의 군집분석기법이다(Kohonen, 1982). 다른 군집분석 기법들에 비해 SOM은 비교적 최근에 개발된 군집화 기법이다. 다음 그림과 같이 SOM은 입력층(input layer)과 출력층(output layer) 만을 갖는 신경망 구조로 이루어져 있다.

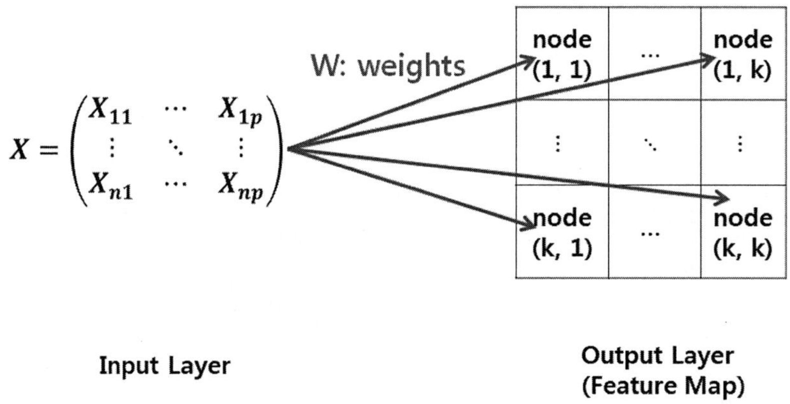

$$X = \begin{pmatrix} X_{11} & \cdots & X_{1p} \\ \vdots & \ddots & \vdots \\ X_{n1} & \cdots & X_{np} \end{pmatrix}$$

[그림 3.5] SOM의 구조

입력층은 (np) $(n \times p)$차원의 데이터행렬이 된다. n은 데이터의 개체 수이고 p는 군집에 사용되는 변수의 개수이다. 출력층은 경쟁적으로 서로 동질적인 것끼리 묶이는 $(k \times k)$개의 노드를 갖는 형상지도(feature map)로 이루어져 있다. SOM은 다음과 같은 절차에 의해 군집화가 이루어진다.

(Step1) 초기 결정단계

SOM의 입력으로 사용되는 특허데이터 X와 군집이 형성되는 형상지도의 가중치(weight) W를 결정한다. 이때 특허데이터는 특허-단어 행렬, 특허-IPC 코드 행렬, 특허-주성분점수 행렬 등이 사용된다. 초기 가중치는 0~1 사이의 난수를 생성하여 결정한다.

(Step2) 군집화를 위한 승자노드 결정단계

표준화된 X와 W간의 유클리디안 거리(Euclidean distance)를 계산하여 가장 작은 거리값을 갖는 형상지도의 노드가 해당 입력값에 대한 승자노드(winner node)가 된다.

(Step3) 승자노드의가중치 갱신단계

승자노드, 또는 승자노드와 승자노드를 둘러싸고 있는 노드들에 대한 가중치 갱신이 다음과 같이 이루어진다.

$$\text{New weight} = \text{Current weight} + \alpha(\text{Input} - \text{Current weight})$$

이때 α는 학습률(learning rate)이라고 하며 이 값이 크면 가중치 갱신이 빠르게 진행된다. 적절한 학습률 값의 선택은 최종적인 군집화 성능에 영향을 미칠 수 있다.

(Step4) 최종 군집화 할당단계

최종적으로 갱신된 형상지도의 가중치결과를 이용하여 입력데이터의 각 특허에 대하여가장 가까운 형상지도의 노드에 할당한다. 이 때 거리측도는 유클리디안 거리를 사용한다. 이와 같은 할당과정이 전체 특허문서에 대하여 이루진 후에 자연스럽게 묶여진 형상지도의 결과를 이용하여 군집화가 이루어진다.

3.2 연관규칙마이닝

아이템(item)과 아이템들 간의 트랜잭션(transaction) 데이터를 분석하는 연관규칙마이닝(association rule mining)은 기술예측을 위한 효과적인 기술연관성분석기법이다. 즉 개별아이템이 서로 어떻게 발생되는지를 찾아내어 아이템들 간의 연관성 규칙을 구축한다. 특허분석을 이용한 기술예측에서 아이템은 특허, 기술군집, IPC 코드 등에 해당되고 트랜잭션은 이들 간의 발생 결과를 나타낸다. 특허데이터와 같은 대용량 데이터베이스의 분석에 적합한 연관규칙 마이닝을 이용하면 기술예측을 위한 효과적인 결과를 얻을 수 있다.

연관규칙 마이닝은 아이템들 간의 의미 있는(meaningful) 관계를 찾아내기 위하여 다음과 같은 아이템과 트랜잭션 데이터집합을 구축한다 (Agrawal, et al., 1993).

$$I = \{i_1, i_2, \cdots, i_n\} \ n\text{개의 아이템 집합}$$

$$T = \{t_1, t_2, \cdots, t_m\} \ m\text{개의 트랜잭션 집합}$$

개별 트랜잭션은 번호(unique identical number)와 이에 해당하는 아이템들로 구성된다. 그리고 하나의 연관규칙은 다음과 같이 나타난다.

$$X \rightarrow Y$$

X와 Y는 I에 포함된 아이템으로 각각 선행사건(antecedent)과 후행사건(consequent)을 나타낸다. 즉, X사건이 발생하고 나서 Y사건이 발생하는 것을 나타낸다. 이와 같은 규칙들은 연관규칙 마이닝의 결과로부터 얻게 된다. 특히 I에 포함된 아이템의 수가 많으면 이에 비례하여 많은 연관규칙이 발생하기 때문에 이 결과에서 의미 있는 연관규칙을 찾아내는 평가기준(evaluated criteria)이 필요하다. 지지도(support)와 신뢰도(confidence)는 연관성규칙을 위한 잘 알려진 평가기준들이다 (Han and Kamber, 2001). 지지도와 신뢰도는 모두 확률론에서 다루어지는 내용이다. 두 사건(event) A와 B에 대하여 $P(A \cap B)$는 A와 B가 동시에 발생할 확률을 나타내며 연관규칙 마이닝에서 지지도 측도로 사용된다. 또한 $P(B|A)$는 A가 발생했다는 조건 하에서 B가 발생할 확률은 나타내는 조건부확률(conditional probability)이다. 이것은 연관규칙 마이닝에서 신뢰도로 사용된다. 연관규칙 마이닝에서는 이와 같은 두 개의 확률측도에 대하여 최소 확률값을 정하여 이 값보다 큰 규칙들에 대하여 의미를 부여

한다. 이 값을 연관규칙 마이닝에서는 최소임계값(minimum threshold)이라 한다. 따라서 연관규칙 마이닝의 지지도는 다음과 같이 정의된다.

$$\text{support}(X \rightarrow Y) = P(X \cap Y) = \frac{X\text{와 } Y\text{를 함께 포함하고있는 트랜잭션수}}{\text{전체트랜잭션 수}}$$

$$0 < \text{support}(X \rightarrow Y) \leq 1$$

즉, 규칙 $(X \rightarrow Y)$의 지지도는 X와 Y를 동시한 포함한 트랜잭션 수를 전체 트랜잭션 수로 나눈 값이다. 1에 가까울수록 같은 트랜잭션에 속한 X와 Y는 전체 트랜잭션에서 차지하는 중요도가 커지게 된다. 물론 X와 Y의 연관성도 높게 된다. 일반적으로 지지도는 자주 발생하지 않은 규칙을 우선적으로 제거하는데 사용한다. 지지도가 0에 가깝다는 것은 전체 트랜잭션에서 차지하는 비중이 크지 않다는 것을 의미하기 때문이다. 다음 식과 같이 지지도는$(X \rightarrow Y)$와$(Y \rightarrow X)$의 차이를 알 수 없기 때문에 구 규칙 산의 자이를 알 수 없는 난점이 있나.

$$\text{support}(X \rightarrow Y) = P(X \cap Y) = P(Y \cap X) = \text{support}(Y \rightarrow X)$$

이와 같은 문제점을 보완하기 위하여 연관규칙 마이닝에서는 신뢰도 측도를 이용한다. 신뢰도는 다음과 같이 조건부확률의 식에 의해 구할 수 있다.

$$\text{confidence}(X \rightarrow Y) = p(Y|X) = \frac{P(X \cap Y)}{P(X)}$$

$$= \frac{X\text{와 } Y\text{를 함께 포함하고있는 트랜잭션수}}{X\text{를 포함한 트랜잭션 수}}$$

$$0 \leq \text{confidence}(X \rightarrow Y) \leq 1$$

즉, X가 발생하였다는 조건 하에서 Y가 발생할확률로 정의되는 신뢰도는 다음과 같이 X와 Y의 지지도 $(P(X \cap Y))$를 X의 지지도$(P(X))$로 나눈 값이다.

$$\text{confidence}(X \rightarrow Y) = P(Y|X) = \frac{P(X \cap Y)}{P(X)} = \frac{\text{support}(X \rightarrow Y)}{\text{support}(X)}$$

$P(X)$는 X의 발생 확률이다. X와 Y의 신뢰도는 0과 1사이의 확률 값을 가지며 이

값이 1에 가까울수록 X는 Y에 많은 영향을 주게 된다. 보통 최소 지지도 값 이상의 연관규칙들 중에서 큰 신뢰도 값을 갖는 규칙들이 의미 있는 것으로 최종 판정된다. 규칙 $(X \rightarrow Y)$와$(Y \rightarrow X)$의 지지도 값은 같지만 신뢰도 값은 같지 않다. 따라서 신뢰도는 두 아이템 X와 Y사이의 인과관계를 확인할 수 있다. 연관규칙 마이닝에서 고려되는 또 하나의 측도는 향상도(lift)이다. 다음과 같이 정의되는 향상도는 연관규칙이 실제로 얼마나 유용한지를 구체적으로 확인할 수 있는 측도이다.

$$\mathrm{lift}(X \rightarrow Y) = \frac{\mathrm{confidence}(X \rightarrow Y)}{\mathrm{support}(Y)} = \frac{P(Y|X)}{P(Y)} = \frac{P(X \cap Y)}{P(X)P(Y)}$$
$$= \frac{\mathrm{support}(X \rightarrow Y)}{\mathrm{support}(X)\mathrm{support}(Y)}$$

$$0 \le lift(X \rightarrow Y) \le \infty$$

즉, X와 Y의향상도는 X와 Y의 신뢰도를 Y의 지지도로 나눈 값이다. 최종적으로 X와 Y의 지지도를 X와 Y, 각각의 지지도로 나눈 값이다. 이 값은 확률이 아니고 이론적으로 0에서 무한대(∞) 사이의 값을 갖는다. 향상도 값에 따른 X와 Y의 관계는 다음과 같다.

$$\mathrm{lift}(X \rightarrow Y) = \begin{cases} > 1 \ X \text{ and } Y \ are\ complementery \text{ (상호보완)} \\ 1 \quad X \text{ and } Y \ are \in dependent \text{ (독립)} \\ < 1 \ X \text{ and } Y \ are\ substitutive \text{ (상호대체)} \end{cases}$$

위 식에서 만약 향상도 값이 1이 되면 X와 Y는 서로 독립(independent)이 된다.

$$\mathrm{lift}(X \rightarrow Y) = \frac{P(X \cap Y)}{P(X)P(Y)} = 1, \ \ P(X \cap Y) = P(X)P(Y)$$

즉, X와 Y는 서로 전혀 영향을 미치지 않는다는 것을 알 수 있다.만약 향상도 값이 1보다 크면 X와 Y는 서로 보완(complementary) 관계에 있게 된다. 즉, X가 증가(감소)함에 따라 Y도 함께 증가(감소)한다. 반면에 X와 Y의 향상도가 1보다 작게 되면 상호 대체(substitutive) 관계가 있게 된다. 즉 X가 증가(감소)함에 따라 Y는 감소(증가)하게 된다.

이와 같이 연관규칙 마이닝을 이용한 기술예측에서 특허분석의 입력데이터로서 IPC 코드를 이용할 수 있다. 일반적으로 검색된 특허데이터에 포함된 IPC 코드는 빅데이터(big data) 구조를 이룬다. 따라서 연관성규칙 마이닝은 수많은 IPC 코드 간 의미있는 기술연관성을 찾아주는 유용한 특허분석 도구가 된다.

기술예측을 위한 연관규칙 마이닝의 적용을 위한 구체적인 사용을 위하여 다음과 같이 4개의 IPC 코드로 이루어진 아이템 집합을 이용한다.

I={G10D, F06B, H04C, B07D}

이와 함께 트랜잭션 데이터 집합은 다음과 같다고 할 때지지도, 신뢰도, 그리고 향상도를 이용하여 여러 가지 연관규칙을 얻을 수 있다.

〈표 3.2〉 트랜잭션 데이터집합

특허번호	포함된 IPC코드
US09998219	G10D, F06B
US12472680	F06B, H04C
US08918106	B07D
US12719217	G10D, F06B, H04C
US12157562	F06B, H04C

위 트랜잭션 데이터집합을 통하여 특허번호가 'US12472680'인 특허는 F06B와 H04C, 두 개의 IPC 코드를 포함하고 있음을 알 수 있다. 이에 비해 특허번호가 'US08918106'인 특허는 B07D 한 개의 IPC 코드만을 가지고 있다. 이와 같은 아이템 집합과 트랜잭션 데이터집합으로부터 하나의 규칙 ($F06B \rightarrow H04C$)에 대한 지지도를 구하면 다음과 같다.

$$\text{support}(F06B \rightarrow H04C) = P(F06B \cap H04C) = 3/5 = 0.6$$

따라서 규칙 ($F06B \rightarrow H04C$)은 전체 트랜잭션의 60%에 해당한다. 즉, 전체 기술개발에서 F06B와 H04C 기술이 동시에 개발되는 비율이 60%임을 알 수 있다. 다음으로 규칙 ($F06B \rightarrow H04C$)의 신뢰도는 다음과 같이 계산된다.

$$C(F06B \rightarrow H04C) = \frac{P(F06B \cap H04C)}{P(F06B)} = (3/5)/(4/5) = 0.75 \qquad (10)$$

이 규칙에 대한 신뢰도가 0.75이기 때문에 F06B 기술은 H04C 기술개발을 위한 하나의 선행기술로서 중요한 역할을 하고 있음을 알 수 있다. 왜냐하면 규칙 ($F06B \rightarrow H04C$)의 신뢰도는 F06B 기술이 개발된 후에 $H04C$ 기술이 개발될 확률을 나타내기 때문이다. 규칙 ($F06B \rightarrow H04C$)에 대한 지지도는 0.6이고 신뢰도는 0.75였다. 사전에 정한 지지도와 신뢰도에 대한 최소 임계값을 각각 0.1과 0.5로 정하였다면 이 규칙은 의미있는 규칙으로 선정된다. 물론 사전에 정한 최소 지지도와 신뢰도 값이 0.6과 0.75보다 큰 값이었다면 이 규칙은 의미 있는 규칙으로 선정되지 못한다. 이와 같이 지지도와 신뢰도에 대한 최소 임계값을 어떻게 결정하느냐에 따라 최종적으로 선정되는 규칙들은 달라질 것이다. 그러므로, 최소 지지도와 신뢰도에 대한 결정은 사전에 해당 기술분야의 전문가와 충분한 사전조사를 통해 결정해야 한다. 마지막으로 다음은 규칙($F06B \rightarrow H04C$)에 대한 향상도 값에 대한 계산결과이다.

$$C(F06B \rightarrow H04C) = \frac{P(F06B \cap H04C)}{P(F06B)P(H04C)} = \frac{3/5}{(4/5)(3/5)} = 1.25 \qquad (6)$$

두 기술F06B와 H04C의 향상도가1.25이기 때문에 $F06B$와 $H04C$ 기술은 서로 의존하면서 개발되는 기술임을 알 수 있다. 만약 이 값이 1이었다면 두 기술은 서로 아무런 의존성이 없음을 나타낸다. 또한 이 값이 1보다 작을 경우에는 $F06B$와 $H04C$기술 중에서 하나만 개발해야 한다. 왜냐하면 두 기술 간에는 서로 대체관계가 있기 때문이다. 이와 같이 지지도와 신뢰도 그리고 향상도를 이용하여 기술들 간의 연관성을 찾아낼 수 있고 이를 이용하여 기술예측을 위한 특허분석이 이루어진다.

3.3 사회 네트워크분석

사회네트워크분석(Social Network Analysis; SNA)는 개별 노드(node)들이 하나의 네트워크를 형성할 때 내부적으로 어떠한 구조로 연결되는지를 확인하는 시각화(visualization) 분석기법이다 (Scott, 2012; Wasserman and Faust, 1994). 즉, 각 구성원소가 네트워크 내에서 다른 구성원소들에게 얼마나 영향을 주며 어떤 관계를 가지는지 분석한다. 경영학, 사회학, 교육학 등 다양한 분야에서 사용되고 있으며 기술예측 분야에도 적용 가능성이 매우 큰 기법이다 (Jun, 2012a; Jun, 2012b). 특히, SNA를 이용하면 기술들간의 연관성을 효과적으로 확인할 수 있다. 예를 들어, SNA를 이용하면 주어진 기술분야를 대표할 수 있는 중심기술(central technology; CT)을 찾을 수 있다 (Jun, 2012a). 중심기술이란 해당기술분야에서 가장 핵심적인 역할을 수행하는 기술을 의미한다. 즉, SNA 결과로 나타나는 그래프에서 중심기술은 대부분의 다른 기술들과 연결되어 있을 뿐만 아니라 실제로 연결된 기술들에 유의한 영향을 미친다. 그러므로 중심기술을 찾아낼 수 있다면 이 결과를 이용하여 국가와 기업의 연구개발(R&D) 계획에 효과적으로 사용할 수 있을 것이다. SNA를 이용한 기술예측도 이전에 설명된 다른 예측기법들과 마찬가지로 특허문서 데이터를 사용한다. 전처리된 특허데이터인 IPC 코드를 이용하면 기술예측을 위한 효과적인 SNA 그래프를 구축할 수 있고, 이를 통하여 해당기술에 대한 해석도 다른 특허데이터를 사용할 때보다 보다 명확해 진다. 왜냐 하면 하나의 IPC 코드는 하나의 특정 기술분야와 연결되기 때문이다. IPC 코드를 이용한 SNA 그래프를 구축하기 위해서는 우선 특허-IPC 코드 행렬(patent-IPC code matrix) 데이터를 만들어야 한다. 다음으로 IPC 코드간 분산-공분산(variance-covariance) 또는 상관계수(correlation coefficient)를 계산한다. 이렇게 구한 분산-공분산 또는 상관계수 행렬은 SNA 그래프 구축을 위한 입력데이터로 사용된다. 두 개의 IPC 코드들 간의공분산은 다음과 같이 정의된다 (Jun, 2012a).

$$Cov(IPC_i,\ IPC_j) = E((ICP_i - \mu_{ICP_i})(ICP_j - \mu_{ICP_j})) - \infty < Cov(IPC_i, IPC_j) < \infty$$

여기서 $E(\ )$는 기대값(expectation)을 나타내며, μ_{ICP_i}는 ICP_i의 평균을 나타낸다. 만약 ICP_i와 ICP_j가 같은 방향의 연관성을 갖게 되면 이 값은 양수(positive value)가 되고, 반대 방향으로 연관성을 갖게 되면 이 값은 음수(negative value)를 갖는다. 예를 들어 $Cov(G06F, H04l) = 6$이라면 G06F에 해당하는 'electric digital data processing'기술이 개발되면H04L에 해당하는 'transmission of digital information, telegraphic communication'의 기술도 함께 개발된다는 것을 의미한다. 또한 이들 상이의 연관성의 강도는 6이 된다.만약 $Cov(G06F, H04l) = -6$으로 음수의 공분산 값을갖게 된다면 G06F 기술이 개발될수록 H04L 기술은 개발이 안 되는 것으로 해석할 수 있다. 그리고 $Cov(G06F, H04l) = 0$이 되면 G06F와 H04L 기술 간에는 아무런 연관성이 없는 서로 독립적인 기술이 됨을 의미한다. 공분산 값은 −에서 +사이의 값을 가질 수 있다. 공분산의 절대값이 크면 클수록 두 IPC 코드가 나타내는 기술들 간의 강한 연관성이 존재한다.다음은 같은 IPC 코드간의 공분산을 나타낸다.

$$Cov(IPC_i,\ IPC_i) = E((IPC_i - \mu_{IPC_i})) = Var(IPC_i)$$

즉, 같은 IPC코드간의 공분산은 해당 IPC코드의 분산임을 알 수 있다. 물론 분산-공분산 결과를 이용하여 IPC코드들간의 SNA 그래프를 만들 수 있지만 일반적으로 분산-공분간 구조는 주어진 데이터의 척도(scale)에 따라 그 값이 커지거나 작아질 수 있기 때문에 분산-공분산 구조는 IPC코드들간의 연관성의 정도를 왜곡할 수 있다. 따라서 이와 같은 분산-공분산 구조의 문제점을 해결하기 위하여 IPC 코드를 이용한 SNA 그래프 구축과정에서 다음과 같은 상관계수를 이용할 수 있다 (Jun, 2012a).

$$Corr(IPC_i, IPC_j) = \frac{Cov(IPC_i, IPC_j)}{\sqrt{Var(IPC_i)}\ \sqrt{Var(IPC_j)}}$$
$$-1 \le Corr(IPC_i, IPC_j) \le 1$$

상관계수는 두 IPC 코드의 공분산 값을 각 IPC 코드의 표준편차로 나눈 값이다. 큰 척도의 IPC는 상대적으로 큰 표준편차를 갖기 때문에 전체적으로 척도에 무관한 연관성을 확인할 수 있다. 즉, 상관계수는 표준화된 공분산이기 때문에 척도에 무관하게 IPC 코드들 간의 연관성을 파악할 수 있다. 상관계수 값은 -1에서 1사이이며 절대값이 1에 가까울수록 두 IPC 코드들간에 연관성이 크게 된다. 최종적으로 기술예측을 위한 SNA 그래프 구축을 위한 입력데이터는 상관계수 행렬이 된다. IPC 코드에 대한 상관계수 행렬은 SNA 그래프 구축을 위한 인접행렬(adjacency matrix)이 된다. 인접행렬은 인접행렬은 네트워크 상에서 노드간의 연결정보를 포함하고 있는 데이터행렬이다(허명회, 2010). 다음 그림은 기술예측을 위하여 IPC 코드 데이터를 이용하여 구축된 SNA 그래프의 예시이다.

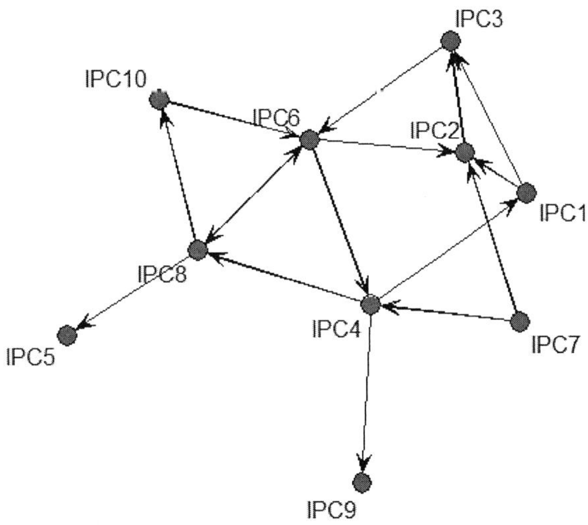

[그림 3.6] IPC코드 데이터를 이용한 SNA 그래프

위 그림에서 화살표의 방향은 기술연관의 방향성을 나타낸다. IPC2와 IPC6은 상대적으로 다른 기술들에 비해 중요한 기술이 될 가능성이 클 수 있다. 왜냐하면이 코드들이 다른 IPC 코드들에 비해 많은 연결선을 갖기 때문이다. IPC5와 IPC9은 중심기술로서의 가능성보다 다른 기술들의 영향을 받아 최종적으로 개발되는 기술이 될 수 있

다. 왜냐하면 이들은 다른 노드들과 연결관계가 없고 최종적으로 IPC4와 IPC8에 연결을 받고 있기 때문이다. (그림 3.6)의 SNA그래프는노드간의 연결 여부와 방향성을 확인하기 위한 그래프이다. 이 그래프에서는 노드간의 연결 강도에 대한 정보는 제공하지 않고 있다. 다음 그림은 IPC 기술코드 간의 연결강도에 대한 정보를 제공하기 위하여 노드간 상호관계(mutual relationship)에 의해 구축된 SNA 그래프의 예시이다.

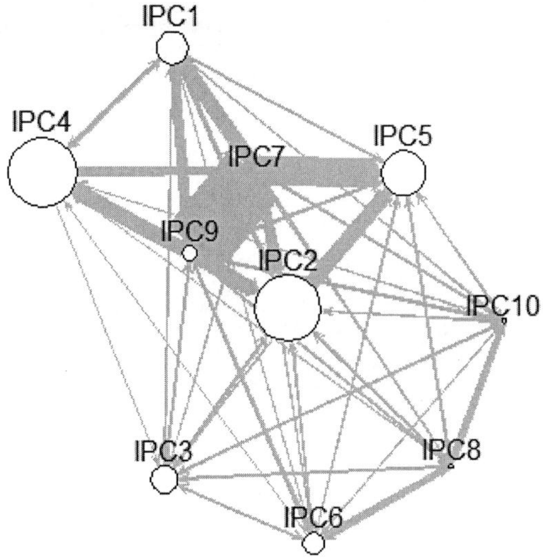

[그림 3.7] 상호관계를 이용한 SNA 그래프

위 그림에서노드의 크기가 클수록 해당 노드의 발생빈도가 큰 것을 의미하며 연결선의 굵기가 굵을수록 서로 연관성이 강함을 나타낸다. 즉, IPC코드의 크기가 클수록 이 기술은 해당기술분야에서 중요하게 취급될 수 있으며 IPC 코드 간의 연결선의 굵기가 굵을수록 두 기술간의 연관성은 다른 기술들에 비해 크게 된다. 가장 굵은 연결선을 가지고 있는 IPC코드7과 IPC코드9가 나타내는 기술 간에 매우 큰 연관성이 있음을 알 수 있다. 각 노드들의 중요성을 측정하기 위하여 SNA에서는 'degree' 측도를 사용할 수 있다. 즉, IPC_k 코드의 degree는 다음과 같이 계산된다 (허명회, 2010).

$$degree\ of\ IPC_k = [out - \text{degree}] + [\text{in} - \text{degree}]$$

여기서 $[out - \text{degree}]$는 IPC 코드 k에서 진출하여 다른 IPC코드로 연결되는 선의 수이고, $[\text{in} - \text{degree}]$는 다른 IPC코드로부터 IPC코드 K로 진입하는 연결선의 수를 나타낸다. 따라서 SNA에서 degree 측도는 해당코드의 진출차수와 진입차수를 합한 값으로 정의된다. 다음은 일반적인SNA 그래프를 이용하여 중심기술을 추출하는 과정을 나타낸다. 일반적인 SNA를 이용하여 중심기술을 추출하는 과정은 다음과 같다.

- [단계1] IPC코드 데이터 구축

  (1-1) 선정된 기술과 관련된 특허문서 검색

  (1-2) 검색된 특허문서로부터 IPC코드 추출

  (1-3) 텍스트마이닝의 전처리 과정을 통하여 특허-IPC코드 행렬구축

- [단계2] SNA 그래프

  (2-1) IPC코드간 상관계수행렬 계산

  (2-2) 상관계수행렬을 이용한 인접행렬 생성

  (2-3) 인접행렬을 이용하여 SNA그래프 출력

- [단계3] Degree 순위

  (3-1) 전체 IPC 코드의 degree 계산

  (3-2) Degree 순위에 따라 전체 IPC코드의 순서화

[단계4] 중심기술 결정

  (4-1) [단계2]와 [단계3]의 결과를 고려하여 중심기술에 가능한 기술들 선정

  (4-2) 해당기술분야의 전문가와 협의하여 최종 중심기술 결정

이외에도 기술예측을 위한 다양한 SNA모형이 존재한다. 기존의 SNA기법들은 대부

분 기술예측을 위한 특허데이터의 분석에 적용할 수 있다. 특허분석의 기술예측모형을 위한 또 하나의 SNA 기법으로 이분 네트워크(bipartite network) 기반의 SNA 그래프가 있다 (Jun, 2012b). 이 그래프는 노드, 군집 그리고 연결(linkage)로 이루어져 있다 (허명회, 2010). 다음 그림은 이분네트워크 SNA 그래프의 예이다.

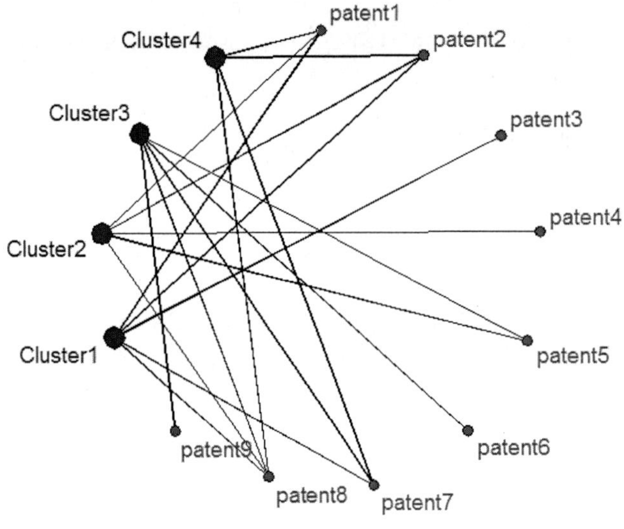

[그림 3.8] 이분네트워크 SNA 그래프

위 그림은 각 기술군집과 해당하는 특허간의 연관성을 나타내고 있다. 군집 관점에서 보면 군집3(cluster3)은 많은 특허들(patent5, patent6, patent7, patent8, patent9)과 연결되어 있다. 또한 특허8(patent8)은 모든 기술군집과 연결되어 있음을 알 수 있다. 즉, 해당 기술분야에서 꼭 필요한 기술특허임을 알 수 있다. SNA모형은 점점 복잡해지는 기술환경 속에서 기술간의 연관성을 살펴볼 수 있는 효과적인 분석기법이 될 수 있다.

3.4 R시스템

이 책에서는 기술예측을 위한 특허분석을 위하여 R-Project라는 공개 소프트웨어를 사용한다. 이 소프트웨어는 R 프로젝트의 홈페이지(www.r-project.org)에서 무료로 다운로드하여 설치할 수 있다.R은 효율적인 텍스트마이닝을 수행할 뿐만 아니라, 데이터분석을 위한 다양한 통계분석 함수를 제공한다. GNU project에 의해 개발되었지만 다른 통계 소프트웨어에 비해 손색이 없으며 새로운 알고리즘에 대한 빠른 업그레이드로 인하여 오히려 상업용 통계 소프트웨어에 비해 훨씬 우수한 면을 보이고 있다. 다만GUI(graphic user interface)가 기존의 상업용 통계 소프트웨어에 비해 떨어지기 때문에 처음 익숙해지는데 약간의 노력이 필요하다. 그러나, 사용자에 따라서는 한번 R에 익숙해지면 다른 것들에 비해 오히려 더 편리하다고 느낄 수도 있을 것이다.

R 프로그램은 유닉스(Unix, Linux) 매킨토시(Mac), 윈도우(Window) 등 어떠한 컴퓨팅 환경에서도 수행이 가능하다. R은 데이터의 조작(manipulation), 계산(calculation), 그리고 그래픽적 표현(graphical display)까지 모두 갖춘 데이터분석 및 모형개발 도구(tool)이다. R은 R 뿐만 아니라 S 언어를 이용하여 만들어진 프로그램을 새로운 함수(function) 형태로 정의하여R 프로젝트에 등록하여 사용할 수 있다. 또한 C, C++, Fortran 코드도 R프로젝트에서 불러와서 기존의 R코드와 연결시켜 사용할 수 있다.

R은 홈페이지에서 매뉴얼(manual), 기술보고서(technical report) 등을 포함한 다양한 관련 문서들을 제공하고 있으며, 전 세계의 많은 사용자들(contributors)에 의해 다양한 패키지와 관련 문서들이 제공되어오고 있다. 또한 R은 구글 검색엔진(Google search engine)과 연계하여 R과 관련된 다양한 자료들을 찾아준다. R의 홈페이지의 초기화면에서 좌측의 메뉴들 중에서 하위메뉴인 'Search'를 선택하면 구글을 통하여 더 많은 R관련 문서들을 찾을 수 있다.

3.4.1 R 설치

다음과 같은 R Project 홈페이지의 초기화면에서 좌측 중간에 위치한 "Download-CRAN"을 선택한다.

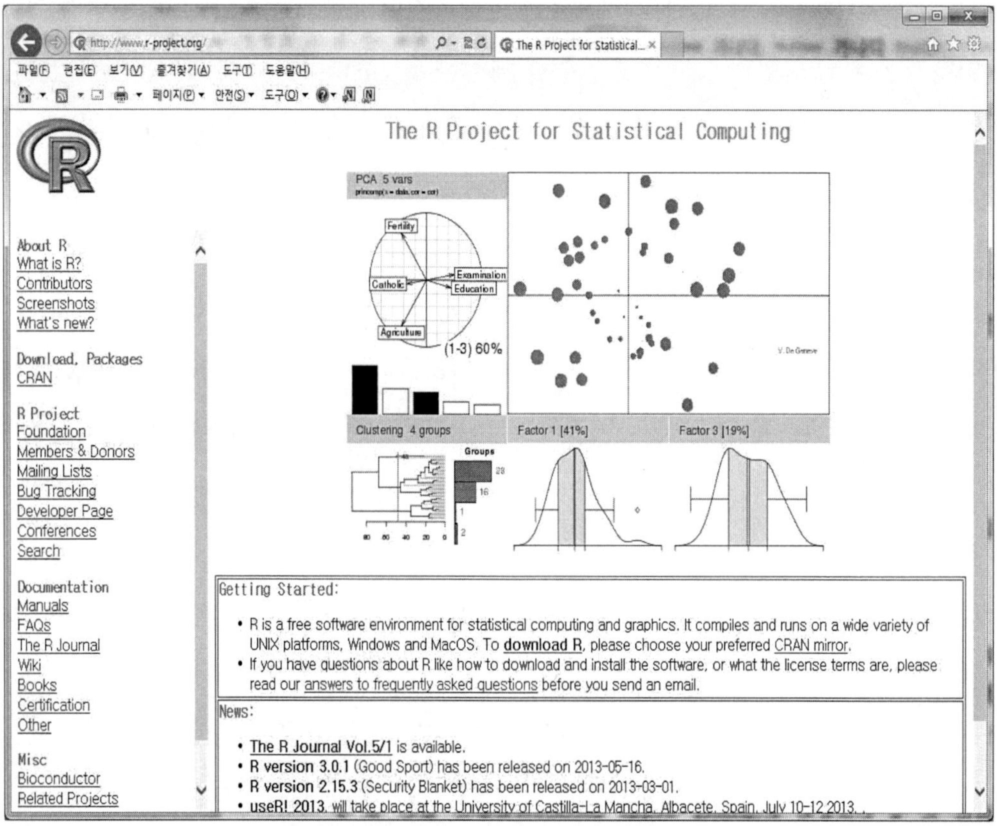

[그림 3.9] R 프로젝트 홈페이지

이어지는 CRAN 미러 사이트에서 국가를 선택해야 하는데 어디를 선택해도 된다. 물론 한국(Korea - Seoul)도 있다.

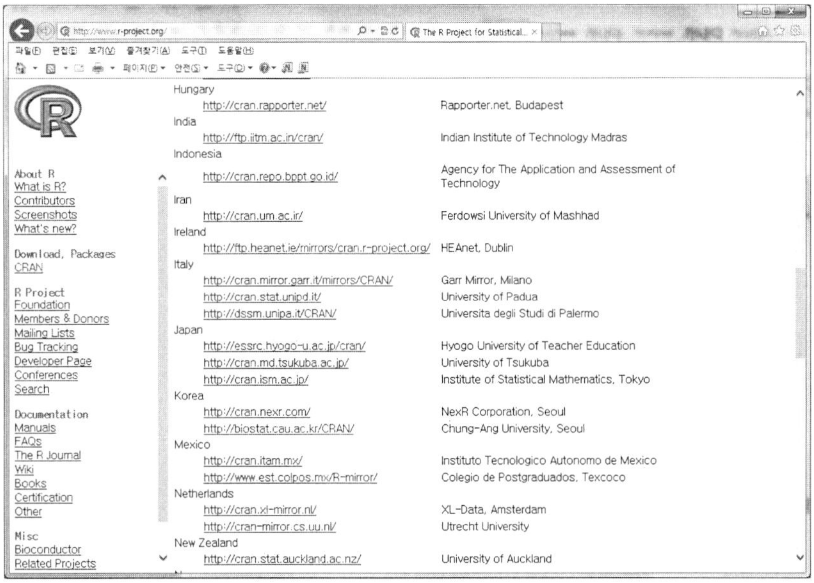

[그림 3.10] R 프로그램 다운로드 미러사이트

아래의 설치화면(Download and Install R)에서 보는 바와같이 R프로그램은 리눅스(Linux), 매킨토시(Mac), 윈도우(Windows) 등의 운영체제에 따라 3가지 버전의 인스톨 파일을 제공한다.

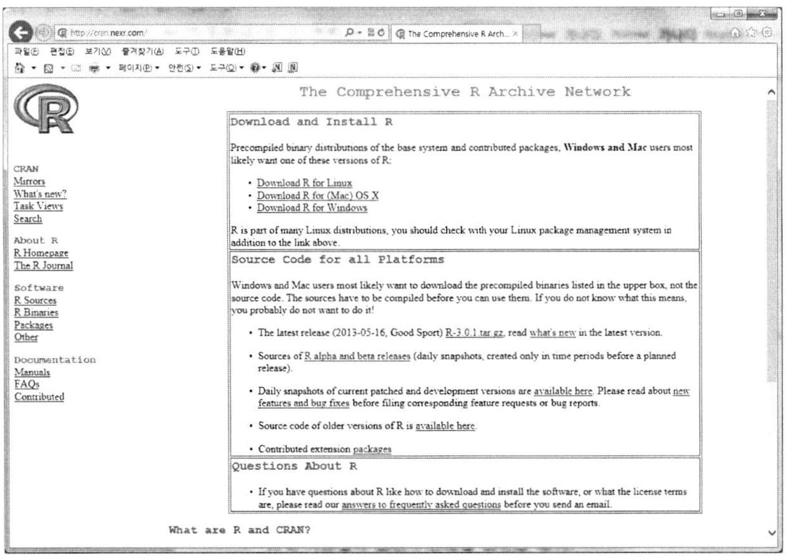

[그림 3.11] 운영체제에 따른 R 설치프로그램

일반적인 윈도우 환경에서 R을 사용하기 위해서는 3번째 버전을 선택하면 된다.

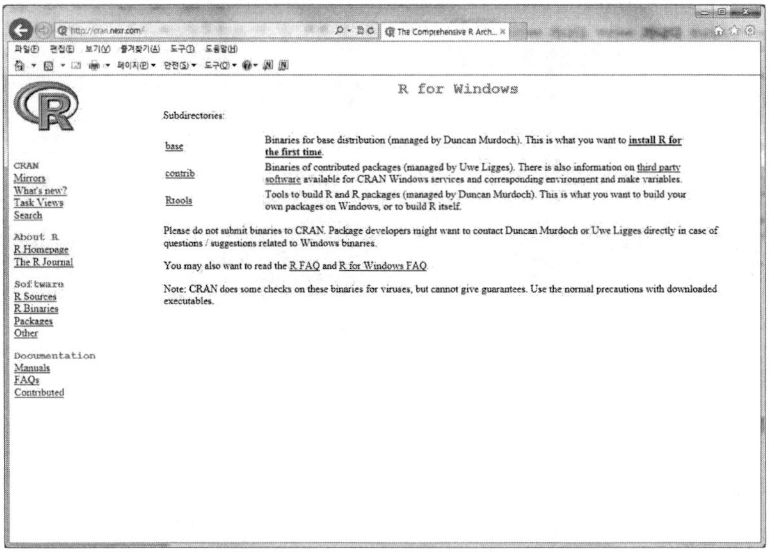

[그림 3.12] 윈도우용 R 설치프로그램

위 그림과 같이 윈도우용 R설치화면(R for Windows)의 하위 디렉토리에서 'base'를 선택하면 다음 그림과 같이 실행파일인 'Download R 3.0.1 for Windows'을 선택할 수 있다.

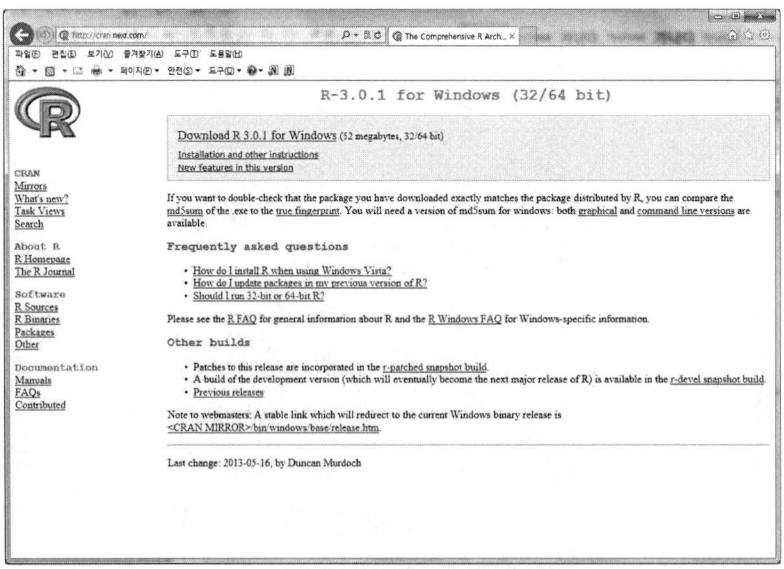

[그림 3.13] R 프로그램 설치파일

이 실행파일을 다운로드하여 설치하면 최종적으로 R 프로젝트에 대한 설치가 마무리된다. 버전의 계속 향상되기 때문에 가장 최근의 R버전을 설치하면 된다. 처음에 설치할 때는 기본설치를 따라 설치하고 이후 R 사용에 익숙해지면 사용자정의 설치를 이용하면 된다. R은 수시로 버전이 높아지기 때문에 설치된 R의 버전은 사용자에 따라 다를 수 있다. 그리고 추가로 설치하는 R의 패키지에 따라 요구하는 R 버전이 다를 수 있기 때문에 이에 대한 확인이 필요할 수 있다.

3.4.2 R을 이용한 기초통계분석

설치가 끝난 후 R을 실행하면 다음과 같은 초기화면이 나타난다.

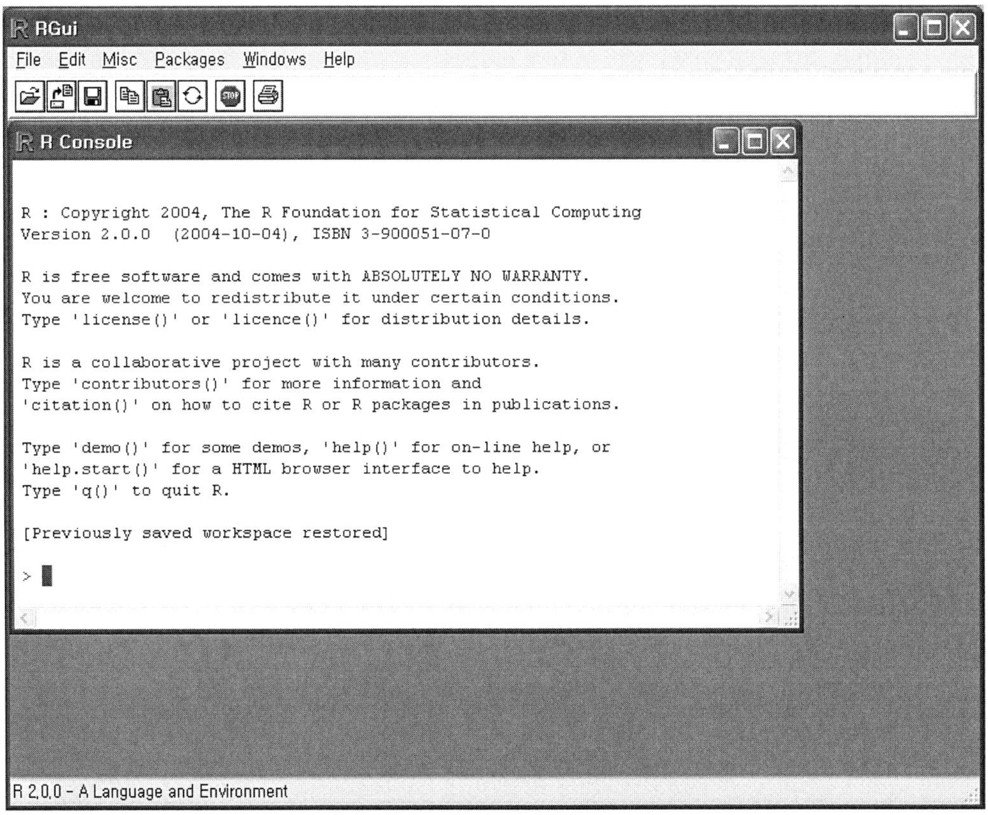

[그림 3.14] R의 초기화면

버전에 따라 초기화면은 조금씩 차이가 있을 수 있다. 참고로 위 화면은 R 버전 2.0.0이다. R은 입력라인에 명령어를 입력하고 엔터(enter) 키를 치면 결과가 바로 나타난다. 예를 들어 12+15의 결과를 알기 위해서는 다음과 같이 입력하면 된다.

```
> 12+15
[1] 27
```

즉, R은 기본적으로 다음과 같은 계산기 기능을 가지고 있다.

```
> 3+4 # 더하기
[1] 7

> 5*3 # 곱하기
[1] 15

> 4/2 # 나누기
[1] 2

> 3-4 # 빼기
[1] -1
```

또한 3, 4, 5, 6, 7의 합을 구하기 위해서는 다음과 같은 R 코드를 사용하면 된다.

```
> x=c(3,4,5,6,7)
>sum(x)
[1] 25
```

변수(객체, object) x에 c( ) 함수(combine 함수)를 이용하여 3, 4, 5, 6, 7 의 값을 저장하고, sum( )함수를 이용하여 x에 저장된 값들의 합을 구하였다. 이와 같이 R은 기본적으로 대부분의 통계함수를 제공하며 사용은 sum( )함수와 같은 방법이다.

일반적으로 프로그램을 작성할 때, 코드에 대한 이해를 높이기 위하여 주석문(comments)을 사용한다. R언어도 다른 프로그래밍 언어와 같이 주석문을 추가할 수 있다. C/C++에서는 주석문을 표시하기 위하여 "//" 기호를 사용하지만 R은 "#"을 사용한다. 즉, # 이후에 추가하는 문장은 R에서 프로그래밍 코드로 인식하지 않는다. 주석문은반드시 써야 하는 것은 아니지만 코드가 복잡할 때, 코드의 신속하고 정확한 이해를 위하여 주석문을 사용한다.

R에서 변수, 데이터셋(data set), 함수 등 대부분의 자료는 객체(object)의 형태로 존재한다. 이와 같은 객체를 관리하기 위하여 가장 기본적으로 사용되는 함수는 ls( )와 rm( )이다. ls( )은 현재 작업환경에서 만들어져 사용되고 있는 모든 객체의 리스트(list)를 보여 준다. 그리고, rm( )은 지정한 객체를 작업환경에서 삭제(remove)한다. 다음은 ls( ) 함수의 사용 예이다.

```
>ls() # 현재 R시스템환경에서 사용되고 있는 객체들에 대한 리스트 (총 16개)
 [1] "a"      "A1"     "age"    "df1"    "df4"    "L.m1"   "married"
 [8] "mat"    "mat2"   "name"   "pp"     "SD.x"   "sex"    "v"
[15] "x"      "y"
```

이 결과는 사용자에 따라 다르게 나타날 것이다. 많은 객체가 사용되고 있을 때는 더 많은 객체의 리스트를 보여 줄 것이고, 반대로 아직 하나의 객체도 만들지 않았을 경우에는 아무것도 나타나지 않게 된다. 다음은 rm( )함수를 이용하여 현재 작업환경에 존재하는 객체 a를 삭제하는 R 코드를 나타낸다.

```
>rm(a) # 객체 a를 제거하여 15개의 객체들이 남아 있음
>ls()
 [1] "A1"     "age"    "df1"    "df4"    "L.m1"   "married" "mat"
 [8] "mat2"   "name"   "pp"     "SD.x"   "sex"    "v"      "x"
[15] "y"
```

즉, R시스템에서 객체 리스트는 ls( )함수를 이용하여 확인하였고, rm( )함수를 이용하여 불필요한 객체를 제거하였다. lm( )과 rm( )함수에 대한 좀 더 자세한 내용을 확인하기 위해서는 R 메뉴에서 '도움말- R 함수(텍스트)'를 선택하고 해당 함수명을 입력하면 웹 문서(html) 형태로 도움말이 나타난다. R에 대한 전체적인 도움말을 HTML 버전으로 확인하기 위하여 다음과 같이 help.start() 함수를 사용한다.

```
>help.start( )
```

[그림 3.15] help.start( ) 실행화면

help.start( )함수를 수행하면 각종 매뉴얼뿐만 아니라 레퍼런스 등 R에 관련된 전체적인 도움말이 나타난다. 이를 통하여 R프로그래밍 과정에서 발생되는 문제점을 해결할 수 있는 다양한 도움을 받을 수 있다. 특히, R프로그래밍에 익숙해질 때까지 R의 도움말을 적절히 사용하면 효과적이다. 다음은 Eng.score 객체에 86, 89, 88, 91, 95의 5개의 숫자를 저장하는 R 코드를 나타낸다.

```
>Eng.score=c(86, 89, 88, 91, 95) # 영어점수
>Eng.score
[1] 86 89 88 91 95
```

이제 본격적으로 R에서 객체의 명명(naming) 규칙에 대하여 알아 본다.

(1) 영문자, 숫자, ".", 그리고 "_"를 사용할 수 있다.

특히 "."를 적절히 사용하면 해당 객체의 의미를 좀 더 쉽게 표현할 수 있다. 예를 들어 통계학과 남학생과 여학생의 점수를 의미하는 객체명으로 각각 'stat.m'과 'stat.f'을 사용하면 효과적이다.

```
>stat.m=c(87, 56, 78, 44, 99)
>stat.m
[1] 87 56 78 44 99
>stat.f=c(87, 88, 76, 68, 100)
>stat.f
[1]  87  88  76  68 100
```

즉, 87, 56, 78, 44, 99는 통계학과 남학생(stat.m)의 점수이고 87, 88, 76, 68, 100은 통계학과 여학생(stat.f)의 점수를 나타낸다.

(2) "_"와 숫자는 객체명의 맨 처음에 사용할 수 없다.

다음 예는 "_"의 잘못된 사용을 나타낸다.

```
> 5stst=10
에러:unexpected symbol in "5stst"
> _math=c(1, 3, 2)
에러:unexpected 입력 in "_"
```

즉, 5stst와 _stst는 잘못된 객체명이다. 그러나 다음과 같이 "_"를 객체명 중간에는 사용할 수 있다.

```
>kor_seoul=c("Kim", "Lee")
>kor_seoul
[1] "Kim" "Lee"
```

(3) R은 대문자와 소문자를 전혀 다른 객체명으로 인식한다.

즉, SAS(statistical analysis system)와 같은 다른 통계소프트웨어와는 달리 R은 대문자와 소문자를 엄격히 구분한다. 즉, 'AB', 'Ab', 'aB', 그리고 'ab' 는 모두 서로 다른 객체명을 나타낸다.

```
> AB=1
> Ab
에러:오브젝트 'Ab'가 없습니다
>ab=2
>ab
[1] 2
```

(4) R에서 함수나 연산자 등으로 사용되는 예약어(reserved word)는 객체명으로 사용할 수 없다.

```
> for=c(1,5) # for는 반복문에서 사용되는 R 예약어
에러:unexpected '=' in "for="

> if=5:7 # if 는 조건문에서 사용되는 R 예약어
에러:unexpected '=' in "if="
```

이와 같은 R의 명명규칙을 숙지하여 보다 효율적인 R 프로그래밍을 할 수 있게 된

다. 앞에서 잠시 다루었던 c( )함수는 R에서가장 많이 사용하는 함수들 중 하나이다. 이 함수는 여러 데이터 값을 하나의 객체에 합치는 기능을 수행한다. 다음은 c( )함수를 이용한 연산이다.

```
> x=c(1,2,3,4,5,6,7,8,9,10) # c( ) 함수를 이용한 데이터입력
>x
 [1]  1  2  3  4  5  6  7  8  9 10
```

c( )함수를 이용하여 1부터 10까지의 데이터를 객체 x에 저장하였다. 다음은 R에서 제공하는 통계함수인mean( )을 이용하여 x에 저장된 값들의 평균을 구하는 코드이다.

```
> mean(x) # x 객체(변수)에 저장된 데이터의 산술평균 계산
[1] 5.5
```

다음 코드는 객체 x에 저장된 값들의 평균을 구한 결과를 y에 저장하는 코드이다.

```
> y=mean(x) # x에 저장된 데이터의 평균을 계산하여 y에 저장
> y # y에 저장된 데이터값을 출력
[1] 5.5
```

R에서는 기본적인 다양한 예제데이터를 제공해 준다. 다음과 같은 R코드를 이용하여 R에서 제공하는 전체 예제데이터를 확인 할 수 있다.

```
>data()
```

다음 그림은 위 코드를 수행한 결과이다.

```
R data sets

Data sets in package 'datasets':

AirPassengers           Monthly Airline Passenger Numbers 1949-1960
BJsales                 Sales Data with Leading Indicator
BJsales.lead (BJsales)
                        Sales Data with Leading Indicator
BOD                     Biochemical Oxygen Demand
CO2                     Carbon Dioxide Uptake in Grass Plants
ChickWeight             Weight versus age of chicks on different
                        diets
DNase                   Elisa assay of DNase
EuStockMarkets          Daily Closing Prices of Major European Stock
                        Indices, 1991-1998
Formaldehyde            Determination of Formaldehyde
HairEyeColor            Hair and Eye Color of Statistics Students
Harman23.cor            Harman Example 2.3
Harman74.cor            Harman Example 7.4
Indometh                Pharmacokinetics of Indomethacin
InsectSprays            Effectiveness of Insect Sprays
JohnsonJohnson          Quarterly Earnings per Johnson & Johnson
                        Share
LakeHuron               Level of Lake Huron 1875-1972
LifeCycleSavings        Intercountry Life-Cycle Savings Data
Loblolly                Growth of Loblolly pine trees
Nile                    Flow of the River Nile
```

[그림 3.16] data( ) 실행화면

R에서 제공하는 예제 데이터 중에서 이 책에서는 R의 추가적인 설명을 위하여 붓꽃 데이터(Edgar Anderson's Iris Data)를 사용한다. 이 데이터는 붓꽃의 꽃받침 길이(Sepal Length)와 너비(Sepal Width) 그리고 붓꽃의 꽃잎 길이(Petal Length)와 너비(Petal Width)에 따른 붓꽃의 종자(Species)를 나타낸다. 전체 데이터의 관측값을 보기 위하여 다음과 같이 예제 데이터의 객체명을 입력한다.

```
>iris # iris 데이터 출력
```

```
R Console

> iris
   Sepal.Length Sepal.Width Petal.Length Petal.Width    Species
1           5.1         3.5          1.4         0.2     setosa
2           4.9         3.0          1.4         0.2     setosa
3           4.7         3.2          1.3         0.2     setosa
4           4.6         3.1          1.5         0.2     setosa
5           5.0         3.6          1.4         0.2     setosa
6           5.4         3.9          1.7         0.4     setosa
7           4.6         3.4          1.4         0.3     setosa
8           5.0         3.4          1.5         0.2     setosa
9           4.4         2.9          1.4         0.2     setosa
10          4.9         3.1          1.5         0.1     setosa
11          5.4         3.7          1.5         0.2     setosa
12          4.8         3.4          1.6         0.2     setosa
13          4.8         3.0          1.4         0.1     setosa
14          4.3         3.0          1.1         0.1     setosa
15          5.8         4.0          1.2         0.2     setosa
16          5.7         4.4          1.5         0.4     setosa
17          5.4         3.9          1.3         0.4     setosa
18          5.1         3.5          1.4         0.3     setosa
19          5.7         3.8          1.7         0.3     setosa
20          5.1         3.8          1.5         0.3     setosa
21          5.4         3.4          1.7         0.2     setosa
```

[그림 3.17] iris 데이터

다음과 같이 R에서 제공하는 help( ) 함수를 사용하면 해당 데이터에 대한 자세한 설명을 볼 수 있다.

```
> help(iris) # iris 데이터에 대한 설명을 보여줌
```

iris {datasets} R Documentation

Edgar Anderson's Iris Data

Description

This famous (Fisher's or Anderson's) iris data set gives the measurements in centimeters of the variables sepal length and width and petal length and width, respectively, for 50 flowers from each of 3 species of iris. The species are *Iris setosa*, *versicolor*, and *virginica*.

Usage

```
iris
iris3
```

Format

`iris` is a data frame with 150 cases (rows) and 5 variables (columns) named `Sepal.Length`, `Sepal.Width`, `Petal.Length`, `Petal.Width`, and `Species`.

`iris3` gives the same data arranged as a 3-dimensional array of size 50 by 4 by 3, as represented by S-PLUS. The first dimension gives the case number within the species subsample, the second the measurements with names `Sepal L.`, `Sepal W.`, `Petal L.`, and `Petal W.`, and the third the species.

Source

Fisher, R. A. (1936) The use of multiple measurements in taxonomic problems. *Annals of Eugenics*, 7, Part II, 179–188.

The data were collected by Anderson, Edgar (1935). The irises of the Gaspe Peninsula, *Bulletin of the American Iris Society*, **59**, 2–5.

References

Becker, R. A., Chambers, J. M. and Wilks, A. R. (1988) *The New S Language*. Wadsworth & Brooks/Cole. (has `iris3` as `iris`.)

See Also

`matplot` some examples of which use `iris`.

Examples

```
dni3 <- dimnames(iris3)
ii <- data.frame(matrix(aperm(iris3, c(1,3,2)), ncol = 4,
                        dimnames = list(NULL, sub(" L.",".Length",
                                        sub(" W.",".Width", dni3[[2]])))),
    Species = gl(3, 50, labels = sub("S", "s", sub("V", "v", dni3[[3]]))))
all.equal(ii, iris) # TRUE
```

[Package *datasets* version 2.15.3 Index]

[그림 3.18] help(iris)의 실행결과

위 결과처럼 help(예제데이터)의 결과에서는 해당 예제 데이터를 제공자부터 이 데이터를 이용한 결과결과, 변수, R 프로그램 예제 등 다양한 정보를 제공한다. R은 또한 주어진 데이터의 차원을 계산해 주는dim( ) 함수를 제공한다. 다음의 예제는 iris 데이터의 차원을 확인하기 위한 코드이다.

```
>dim(iris)
[1] 150   5
```

iris 데이터는 150개의 관측치(행, row)와 5개의 변수(열, column)로 이루어져 있음을 알 수 있다. 다음은 iris 데이터에 대한 기본적인 요약 통계량을 구하기 위한 코드이다.

```
> summary(iris)
  Sepal.Length    Sepal.Width     Petal.Length    Petal.Width
 Min.   :4.300   Min.   :2.000   Min.   :1.000   Min.   :0.100
 1st Qu.:5.100   1st Qu.:2.800   1st Qu.:1.600   1st Qu.:0.300
 Median :5.800   Median :3.000   Median :4.350   Median :1.300
 Mean   :5.843   Mean   :3.057   Mean   :3.758   Mean   :1.199
 3rd Qu.:6.400   3rd Qu.:3.300   3rd Qu.:5.100   3rd Qu.:1.800
 Max.   :7.900   Max.   :4.400   Max.   :6.900   Max.   :2.500
       Species
 setosa    :50
 versicolor:50
 virginica :50
```

[그림 3.19] summary(iris)의 실행결과

summary( ) 함수는 연속형(숫자) 변수에 대해서는 최소값(Min), 제1사분위수(1st Qu), 중앙값(Median), 평균(Mean), 제3사분위수(3rd Qu), 최대값(Max)을 계산해 주며, 범주형(문자) 변수에 대해서는 각 레이블(label)에 대한 빈도를 구해준다. 위 결과에서 'Slecise'는 범주형 변수이기 때문에 3개의 레이블(setosa, versicolor, virginica)에 대한 빈도수를 구하였다.

기본적인 R 사용에서 유용하게 사용되는 기호들 중에서 "$"가 있다. 이 기호는 객체에 포함된 하위 변수를 지정할 때 사용된다. 다음 코드는 iris데이터객체 중 Sepal.Length변수는 어떤 데이터를 가지고 있는지 보여준다. 물론, Sepal.Width, Petal.Length, Petal.Width 등도 같은 방법으로 데이터를 확인할 수 있다.

```
>iris$Sepal.Length
[1] 5.1 4.9 4.7 4.6 5.0 5.4 4.6 5.0 4.4 4.9 5.4 4.8 4.8 4.3 5.8 5.7 5.4 5.1
[19] 5.7 5.1 5.4 5.1 4.6 5.1 4.8 5.0 5.0 5.2 5.2 4.7 4.8 5.4 5.2 5.5 4.9 5.0
[37] 5.5 4.9 4.4 5.1 5.0 4.5 4.4 5.0 5.1 4.8 5.1 4.6 5.3 5.0 7.0 6.4 6.9 5.5
```

```
[55] 6.5 5.7 6.3 4.9 6.6 5.2 5.0 5.9 6.0 6.1 5.6 6.7 5.6 5.8 6.2 5.6 5.9 6.1
[73] 6.3 6.1 6.4 6.6 6.8 6.7 6.0 5.7 5.5 5.5 5.8 6.0 5.4 6.0 6.7 6.3 5.6 5.5
[91] 5.5 6.1 5.8 5.0 5.6 5.7 5.7 6.2 5.1 5.7 6.3 5.8 7.1 6.3 6.5 7.6 4.9 7.3
[109] 6.7 7.2 6.5 6.4 6.8 5.7 5.8 6.4 6.5 7.7 7.7 6.0 6.9 5.6 7.7 6.3 6.7 7.2
[127] 6.2 6.1 6.4 7.2 7.4 7.9 6.4 6.3 6.1 7.7 6.3 6.4 6.0 6.9 6.7 6.9 5.8 6.8
[145] 6.7 6.7 6.3 6.5 6.2 5.9
```

다음은 mean( ) 함수를 이용하여 해당변수의 평균을 구하는 과정이다.

```
> mean(iris$Sepal.Length)# Sepal.Length 변수의 평균값을 계산
[1] 5.843333
```

다음은 median( ) 함수를 이용하여 해당변수의 중앙값을 구하는 과정이다.

```
> median(iris$Sepal.Length) # Sepal.Length 변수의 중앙값을 계산
[1] 5.8
```

다음은 range( ) 함수를 이용하여 해당변수의 범위(range)를 구하는 과정이다.

```
> range(iris$Sepal.Length)# Sepal.Length 변수의 Min과 Max를 출력
[1] 4.3 7.9
```

다른 통계 소프트웨어들과는달리 R은 바로 범위 값을 출력하지 않고 최소값과 최대값의 순서로 구해준다. 이 결과를 이용하여 7.9에서 4.3을 빼서 범위 3.6을 구할 수 있다. 또한 다음과 같이 range( ) 함수의 결과를 이용하여 한번에 구할 수도 있다.

```
>range(iris$Sepal.Length)[2]-range(iris$Sepal.Length)[1]
[1] 3.6
```

[ ]기호는 해당변수의 값들에 대한 순서를 나타낸다. 다음은 quantile( ) 함수를 이용

하여 해당변수의 백분위수를 구하는 과정이다.

```
>quantile(iris$Sepal.Length)# Sepal.Length 변수의 주요 백분위수를 계산
0%   25%   50%   75%  100%
4.3   5.1   5.8   6.4   7.9
```

다음은 var( ) 함수를 이용하여 해당변수의 분산을 구하는 과정이다.

```
>var(iris$Sepal.Length) # Sepal.Length 변수의 분산을 계산
[1] 0.6856935
```

다음은 분산의 제곱근이 표준편차라는 사실을 이용하여 해당변수의 표준편차를 구하는 과정이다.

```
>sqrt(var(iris$Sepal.Length))# Sepal.Length 변수의 표준편차를 계산
[1] 0.8280661
```

위 코드는 Sepal.Length의 분산의 제곱근을 이용하여 표준편차를 구하는 코드이다. 다음과 같이 표준편차를 구하는 sd( ) 함수를 이용하여 바로 구할 수도 있다.

```
>sd(iris$Sepal.Length)
[1] 0.8280661
```

다음 코드는 cor( ) 함수를 이용하여 두 변수 간의 상관계수를 구하는 코드이다.

```
> cor(iris$Sepal.Length, iris$Sepal.Width)
[1] -0.1175698
```

Sepal.Length와 Sepal.Width 변수들 간의 상관계수를 구한 결과를 보여준다.

데이터객체의 특정 부분의 값을 선택하기 위해서 인덱스 연산자 [,] 을 사용한다.

즉, [,]의 첫 번째 원소는 행(row)의 범위를 나타내고, 두 번째 원소는 열(column)의 범위를 나타낸다. 예를 들어 X[4,5]는 X라는 데이터 객체의 4번째 행과 5번째 열에 해당하는 값을 나타낸다. 만약 행과 열에 해당하는 인덱스 연산자의 원소값을 지정하지 않으면 전체 행 또는 열을 나타낸다. 즉, X[,3]은 3열에 해당하는 모든 행의 값을 나타내고 X[4,]은 4행에 해당하는 모든 열의 값을 나타낸다. 다음은 인덱스 연산자를 이용하여 iris 데이터의 일부를 나타내는 과정이다.

```
> iris[2,] # iris 데이터의 2번째 관측값(row)를 출력한다.
  Sepal.Length Sepal.Width Petal.Length Petal.Width Species
2          4.9           3          1.4         0.2  setosa

> iris[,3] # iris 데이터의 3번째 변수(column)의 모든 관측괎을 출력한다.
  [1] 1.4 1.4 1.3 1.5 1.4 1.7 1.4 1.5 1.4 1.5 1.5 1.6 1.4 1.1 1.2 1.5 1.3 1.4
 [19] 1.7 1.5 1.7 1.5 1.0 1.7 1.9 1.6 1.6 1.5 1.4 1.6 1.6 1.5 1.5 1.4 1.5 1.2
 [37] 1.3 1.4 1.3 1.5 1.3 1.3 1.3 1.6 1.9 1.4 1.6 1.4 1.5 1.4 4.7 4.5 4.9 4.0
 [55] 4.6 4.5 4.7 3.3 4.6 3.9 3.5 4.2 4.0 4.7 3.6 4.4 4.5 4.1 4.5 3.9 4.8 4.0
 [73] 4.9 4.7 4.3 4.4 4.8 5.0 4.5 3.5 3.8 3.7 3.9 5.1 4.5 4.5 4.7 4.4 4.1 4.0
 [91] 4.4 4.6 4.0 3.3 4.2 4.2 4.2 4.3 3.0 4.1 6.0 5.1 5.9 5.6 5.8 6.6 4.5 6.3
[109] 5.8 6.1 5.1 5.3 5.5 5.0 5.1 5.3 5.5 6.7 6.9 5.0 5.7 4.9 6.7 4.9 5.7 6.0
[127] 4.8 4.9 5.6 5.8 6.1 6.4 5.6 5.1 5.6 6.1 5.6 5.5 4.8 5.4 5.6 5.1 5.1 5.9
[145] 5.7 5.2 5.0 5.2 5.4 5.1

> iris[2,3] # iris 데이터의 2번째 관측의 3번째 변수값(the 2,3 element)을 출력한다.
[1] 1.4

> iris[c(1,2,10),] # iris 데이터의 1번째, 2번째, 그리고 10번째 관측값을 출력한다.
   Sepal.Length Sepal.Width Petal.Length Petal.Width Species
1           5.1         3.5          1.4         0.2  setosa
2           4.9         3.0          1.4         0.2  setosa
10          4.9         3.1          1.5         0.1  setosa
```

```
> iris[4:6,] # iris 데이터의 4번째 부터 6번째 까지의 관측값을 출력한다.
  Sepal.Length Sepal.Width Petal.Length Petal.Width Species
4          4.6         3.1          1.5         0.2  setosa
5          5.0         3.6          1.4         0.2  setosa
6          5.4         3.9          1.7         0.4  setosa

> iris[-c(1,3),] # iris 데이터의 1번째와 3번째를 제외한 모든 관측값을 출력한다.
Sepal.LengthSepal.WidthPetal.LengthPetal.Width    Species
2          4.9         3.0          1.4         0.2    setosa
4          4.6         3.1          1.5         0.2    setosa
5          5.0         3.6          1.4         0.2    setosa
6          5.4         3.9          1.7         0.4    setosa
7          4.6         3.4          1.4         0.3    setosa
8          5.0         3.4          1.5         0.2    setosa
9          4.4         2.9          1.4         0.2    setosa
10         4.9         3.1          1.5         0.1    setosa
-----------------------------------------------------------------------
145        6.7         3.3          5.7         2.5  virginica
146        6.7         3.0          5.2         2.3  virginica
147        6.3         2.5          5.0         1.9  virginica
148        6.5         3.0          5.2         2.0  virginica
149        6.2         3.4          5.4         2.3  virginica
150        5.9         3.0          5.1         1.8  virginica

> iris[iris$Sepal.Length>7.3,]# Sepal.Length가 7.3보다 큰 모든 관측값을 출력한다.
Sepal.LengthSepal.WidthPetal.LengthPetal.Width    Species
106        7.6         3.0          6.6         2.1 virginica
118        7.7         3.8          6.7         2.2 virginica
119        7.7         2.6          6.9         2.3 virginica
123        7.7         2.8          6.7         2.0 virginica
131        7.4         2.8          6.1         1.9 virginica
132        7.9         3.8          6.4         2.0 virginica
136        7.7         3.0          6.1         2.3 virginica
```

3.4.3 R 그래픽스

이 절에서는 R에서 제공하는 그래픽 함수들을 이용하여 주어진 데이터에 대한 시각화(visualization)에 대한 과정을 알아본다. 다음은 stem( ) 함수를 이용하여 기술통계학의 줄기 잎 그림(stem-leaf diagram)을 그리는 과정을 보여준다.

```
> stem(iris$Sepal.Length) # Sepal.Length의줄기-잎그림
The decimal point is 1 digit(s) to the left of the |
  42 | 0
  44 | 0000
  46 | 000000
  48 | 00000000000
  50 | 0000000000000000000
  52 | 00000
  54 | 0000000000000
  56 | 00000000000000
  58 | 0000000000
  60 | 000000000000
  62 | 0000000000000
  64 | 000000000000
  66 | 0000000000
  68 | 0000000
  70 | 00
  72 | 0000
  74 | 0
  76 | 00000
  78 | 0
```

다음은 막대그래프(bar chart), 또는 히스토그램(histogram)을 그리기 위하여 hist( ) 함수를 사용하는 과정이다.

>hist(iris$Sepal.Length) # Sepal.Length 변수의 히스토그램을 출력

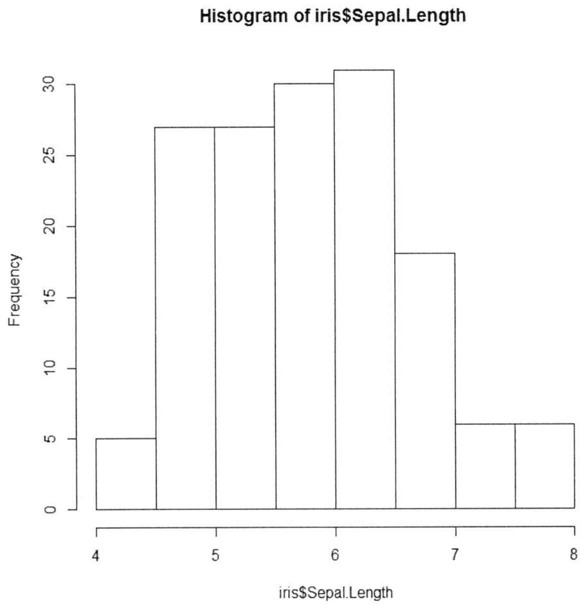

다음은 boxplot( ) 함수를 이용하여 상자그림(box plot)을 그리는 과정이다.

> boxplot(iris$Sepal.Length) # Sepal.Length 변수의 상자그림을 출력

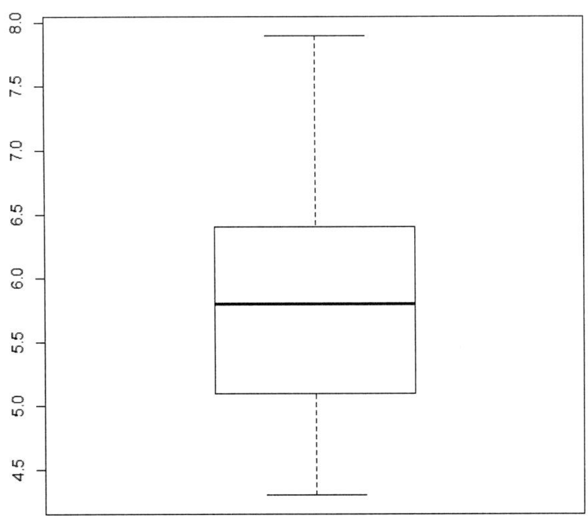

상자그림은 주어진 변수에 대한 다양한 정보를 제공한다. 주어진 변수가 이상치(outlier)를 포함하는지 뿐만아니라, 중심화와 산포의 정도에 대한 자세한 정보도 함께 제공하기 때문에 상자그림에 대한 해석은 기술통계분석과정에서 중요한 부분이 된다. 상자그림에 대한 추가적인 학습은 참고문헌을 참조하면 좋을 것이다 (김진경 외, 2011).

기본적인 산점도(scatter plot)를 그리기 위해서는 다음과 같이 plot( ) 함수를 사용하면 된다.

```
> plot(iris$Sepal.Length,iris$Sepal.Width)
```

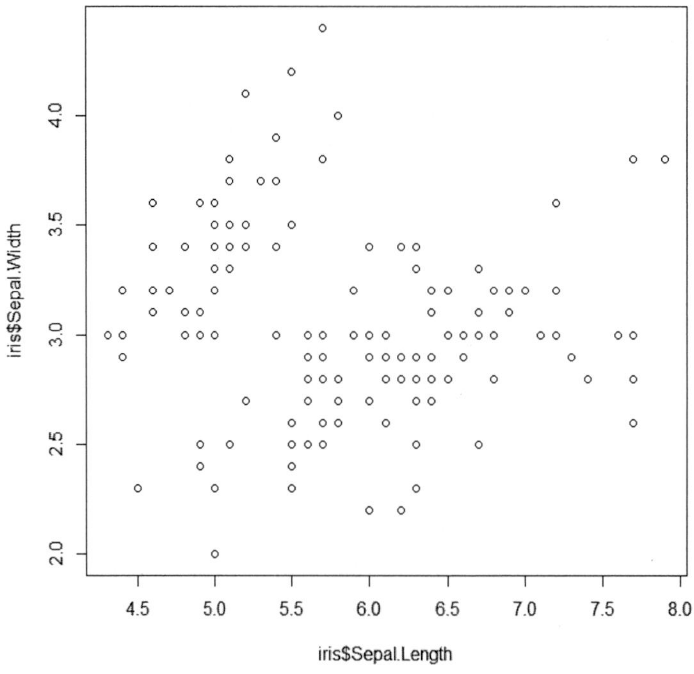

위 코드를 통하여 Sepal.Length와 Sepal.Width 두 변수간의산점도가 출력된다. 다음과 같이 plot( ) 함수가 지정하는 데이터객체에 변수가 2개보다 더 많이 존재하면 다음과 같이 산점도 행렬(plot matrix)을 출력한다.

```
> plot(iris) # iris의 모든 변수들에 대한 산점도 행렬을 출력
```

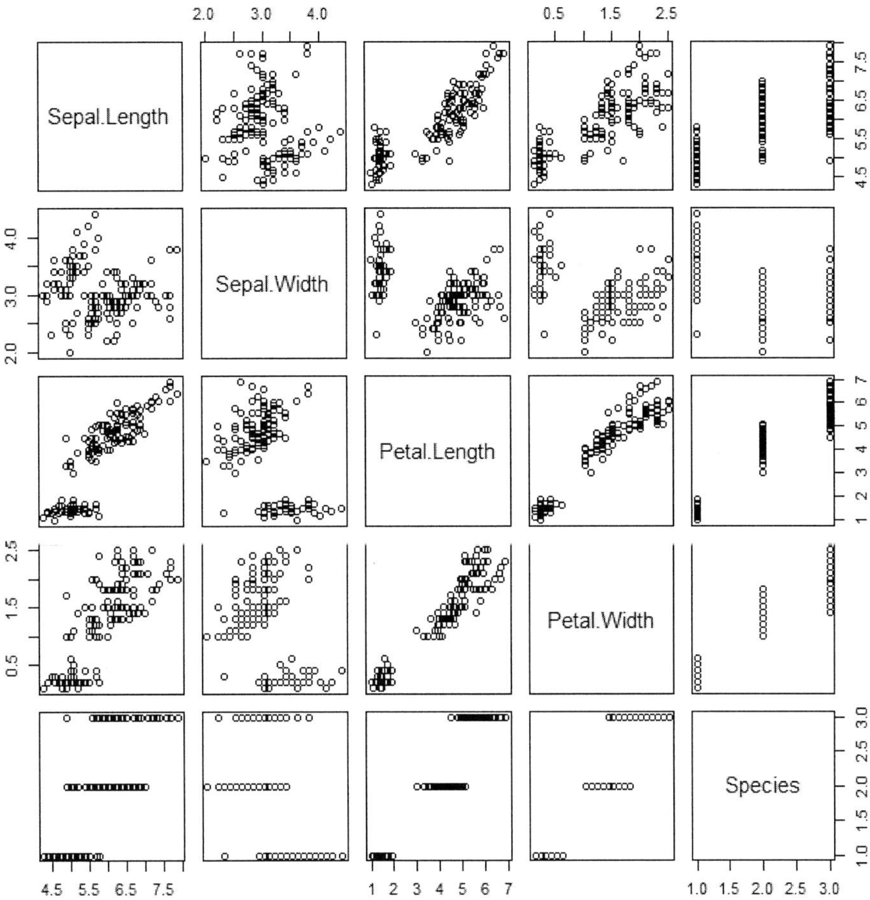

다음과 같이 par( ) 함수를 이용하여 여러 개의 그림을 한 개의 출력창(graphic window)에 보일 수 있다.

```
> par(mfrow=c(2,2)) # 한번에 출력되는 그림이 4개(=22)까지 가능
>boxplot(iris$Sepal.Length)
>boxplot(iris$Sepal.Width)
>boxplot(iris$Petal.Length)
>boxplot(iris$Petal.Width)
```

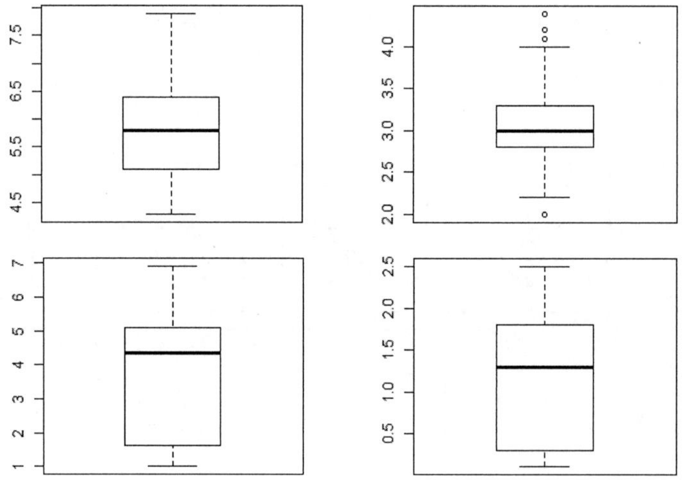

R은 한 번 지정된 옵션은 계속 적용되기 때문에 다시 한 개의 출력창에 한 개의 그림을 나타내기 위해서는 다음과 같이 기본옵션 변경을 해 주어야 한다.

```
> par(mfrow=c(1,1)) # 한번에 출력되는 그림을 1개(디폴트)로 변경
```

다음과 같이 par( ) 함수를 사용하지 않고 iris 데이터객체에 포함된 변수들에 상자그림을 그리기 위해서는 모두 4개의 출력창이 필요하다.

```
>boxplot(iris$Sepal.Length)
```

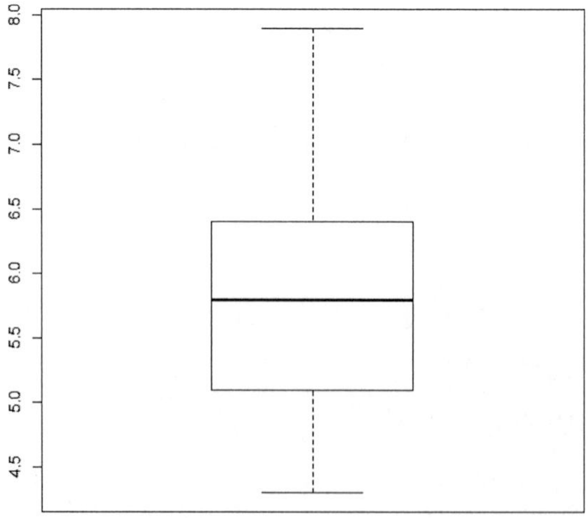

>boxplot(iris$Sepal.Width)

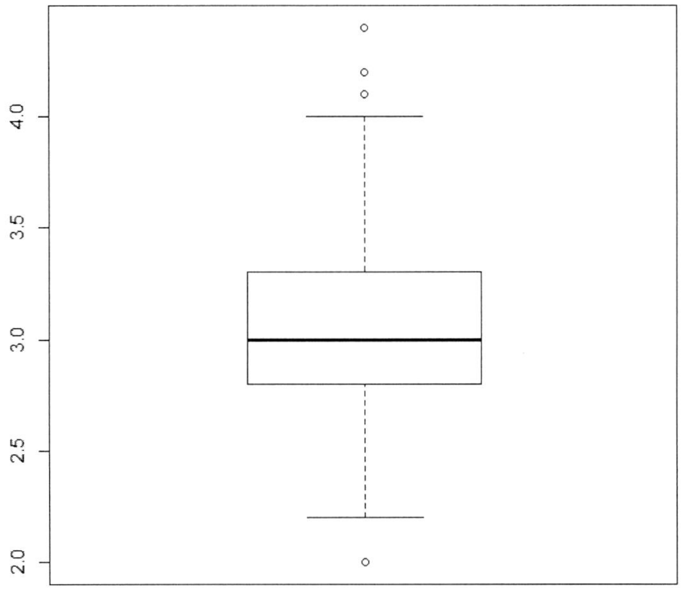

>boxplot(iris$Petal.Length)

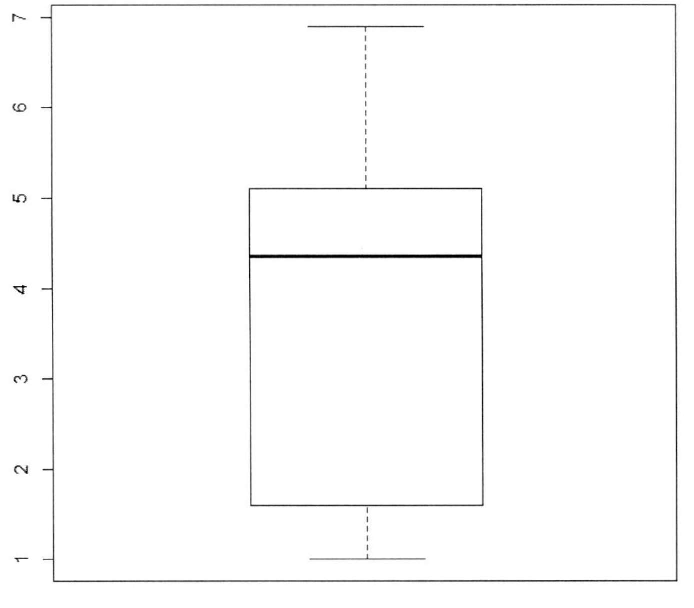

```
>boxplot(iris$Petal.Width)
```

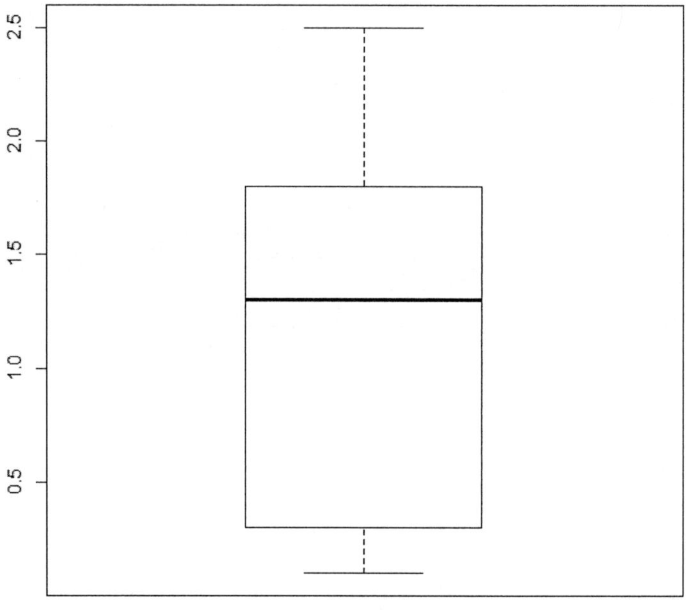

3.4.4 제어구문

R은 프로그램의 제어를 위하여 조건문과 반복문을 사용한다. 먼저 조건문은 다음과 같이 if 구문을 사용한다.

(1) if (cond) expr1

: cond가 참이면 expr1을 수행한다.

(2) if (cond) expr1 else expr2

: cond가 참이면 expr1을 수행하고, 그렇지 않으면 expr2를 수행한다.

(3) ifelse (test, yes, no)

: test가 참이면 yes를 반환하고, 그렇지 않으면 no를 반환한다.

다음은 난수를 발생시켜 그 값이 0보다 작으면 "s는 음수"를 출력하는 R 프로그램이다.

```
>s=runif(1)-0.5 # runif(1) 은 0에서 1 사이의 난수 1개 발생
> if(s<0) print("s는 음수")
```

즉, s〈0을 만족하면 "s는 음수"가 출력되고, 그렇지 않으면 아무것도 출력하지 않는다. 다음 R 코드는 if 조건이 만족되지 않을 때도 수행할 작업을 지정할 수 있는 프로그램이다.

```
>s=runif(1)-0.5
> if(s<0) print("s는 음수") else print("s는 음수가 아님")
```

즉, s〈0을 만족하면 "s는 음수"가 출력되고, 그렇지 않으면 "s는 음수가 아님"이 출력된다. 다음은 R에서 제공하는 반복문의 구조를 설명한다.

(1) for(var in seq) expr

: 첨자 var가 seq 범위 내에서 순차적으로 expr을 반복하여 수행한다.

(2) while(cond) expr

: cond가 참일 동안 expr을 반복적으로 수행한다.

(3) repeat expr

: 조건없이 expr을 반복하여 수행한다. 이 때에는 반복을 끝낼 수 있는 문장이 있어야 한다.

다음은 for문을 이용하여 1에서 10까지의 합을 구하는 프로그램이다.

```
>sum.x=0  # sum.x의 값을 0으로 초기화한다.
>for(i in 1:10)
sum.x=sum.x+i
>sum.x
[1] 55
```

다음은 두 개의 for 문을 이용하여 구구단을 출력하는 프로그램이다.

```
>for(i in 2:9)
for(j in 1:9)
cat(i, " * ", j, " = ", i*j, "₩n")   # cat( ) 함수는 각 객체와 값들을 연결하여 출력함
2 * 1 = 2
2 * 2 = 4
...
9 * 8 = 72
9 * 9 = 81
```

다음은 while 문을 이용하여 1에서 10까지의 합을 구하는 프로그램이다.

```
> x=1
>sum.x=0
>while(x<=10){
sum.x=sum.x+x
x=x+1
 }
>sum.x
[1] 55
```

다음은 repeat 문을 이용하여 1에서 10까지의 합을 구하는 프로그램이다.

```
> x=1    >sum.x=0
>repeat{
 if (x>10) break    # break문은 반복문에서 강제로 빠져 나옴
sum.x=sum.x+x
 x=x+1
 }
>sum.x
[1] 55
```

3.4.5 사용자정의 함수

R에서는 기본적으로 제공하지 않는 함수를 다음과 같은 방법으로 직접 만들어서 사용할 수 있다.

```
functionname=function(arg_1, arg_2, ...) {
expressions
}
```

다음은 사용자정의 함수를 이용하여 표준편차를 구하는 프로그램이다.

```
> stdv=function(y) sqrt(var(y))
> stdv(iris$Sepal.Length)
[1] 0.8280661
```

3.4.6. 패키지 사용

최신 분석기법 등 R에서 기본적으로 제공하지 않는 새로운 함수들은 패키지를 통하여 이용할 수 있다. R 패키지는 전세계의 R사용자들에 의해 만들어지고 누구나 자유롭게 사용할 수 있다. 예를 들어 텍스트마이닝을 위한 다양한 함수를 제공하는 'tm' 패

키지(Feinerer and Hornik, 2013)를 설치하기 위해서는 R의 기본메뉴들 중에서 '패키지'를 선택한다. 하위 메뉴들 중에서 '패키지 인스톨'을 선택하면 R설치 때와 마찬가지로 CRAN mirror에서 국가를 선택하면 된다. 다음으로 Packages 윈도우에서 'tm'을 선택하고 OK를 누르면 선택된 패키지가 추가로 설치된다. 자신의 컴퓨터에 추가하려는 패키지는 이와 같은 절차에 의해 한번만 설치하면 된다. 하지만 R을 종료하고 다시 시작할 때 마다 'tm' 패키지를 사용하기 위해서는 다음과 같이 현재 실행되고 있는 R 시스템에 로딩하는 작업이 필요하다.

```
>library(tm)
```

즉, library( ) 함수는 현재 설치된 R 패키지를 불러오는 함수이다. 'tm' 패키지는 이 책에서 수행한 모든 특허문서의 전처리 작업에서 효율적으로 사용된다. 'tm' 패키지의 매뉴얼은 R-project 홈페이지의 좌측의 'R Project - Search'를 선택하면 다음과 같이 구글과 연계된 R 전용 검색창이 나타나고 여기에 'tm'을 입력하면 이 패키지에 대한 매뉴얼인 tm.pdf 파일이 나타난다.

대부분 패키지의 매뉴얼은 [패키지명.pdf] 의 형식으로 되어 있다. 예를 들어 신경망 모형을 위한 R 패키지로 'nnet' 이 있고 이에 대한 매뉴얼 'nnet.pdf'가 있다.

SAS 나 SPSS와 같은 상용 통계 소프트웨어에 비해 R이 갖는 강점은 상대적으로 배우기가 쉬우면서도 상용소프트웨어들에 비해훨씬 많은 데이터분석 함수를 가질 수 있다는 것이다. 새로운 분석기법이 개발되면 R은 패키지 형태로 함수들이 만들어져 그대로 R 시스템에 추가할 수 있기 때문이다. 예를 들어 최근에 예측 및 분류의 정확성이 탁월하여 많이 사용되는 통계적 학습(statistical learning) 기반의 기법인 지지벡터머신(support vector machine)모형이 R에는 이미 'e1071', 'svmpath' 등의 패키지로 만들어져서 제공되고 있다. 이와 같은 빠른 함수개발이 가능한 이유는 R은 공개 소프트웨어이고, 동시에 전세계의 모든 R 사용자들이 R의 개발자가 되기 때문이다.

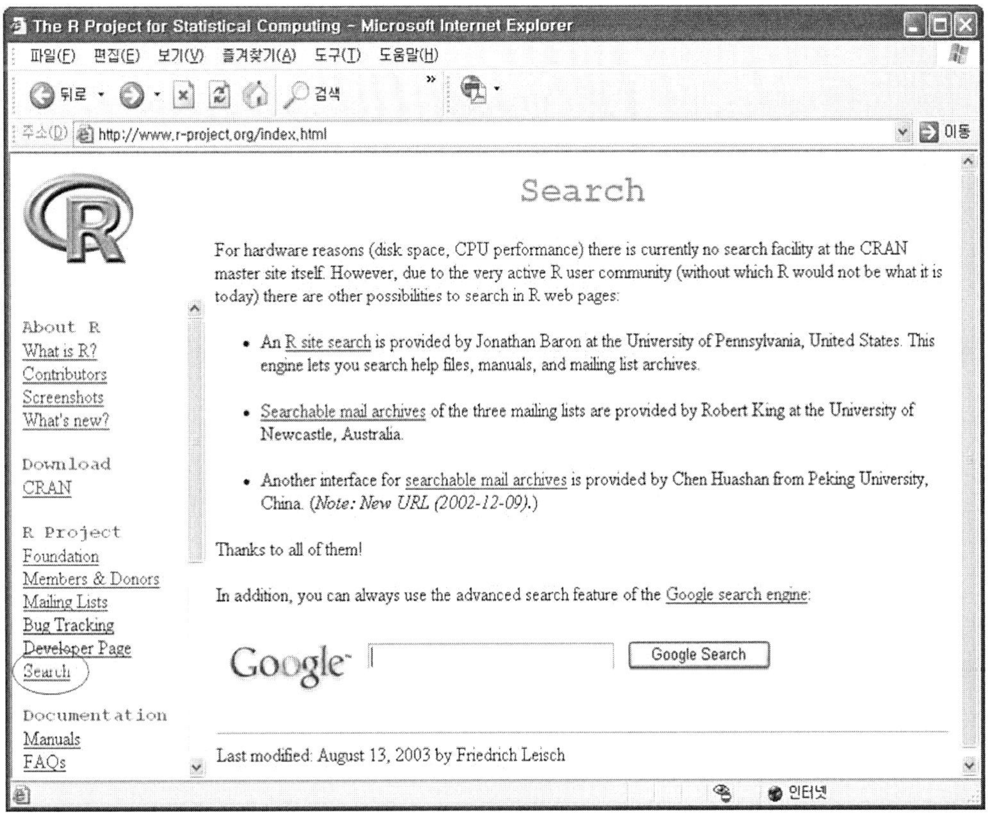

3.4.5 R매뉴얼 사용

R의 기본메뉴들 중에서 '도움말'을 선택하면 하위메뉴들 중에 '매뉴얼(PDF)'가 있다. 여기에는 다음과 같이 몇 개의 pdf 파일이 제공되는 데 모두 R 사용에 대한매뉴얼들이다.

(1) An Introduction to R - Notes on R: A Programming Environment for Data Analysis and Graphics

(2) R Reference Manual - R: A Language and Environment for Statistical Computing

(3) R Data Import/Export

(4) R Language Definition

(5) Writing R Extensions

(6) R Internals

(7) R Installation and Administration

(8) Sweave User Manual

위 매뉴얼 중에서 '(1) An Introduction to R'은 R에 대한 입문서이다. 처음 R을 시작하는 사용자는 이것을 우선적으로 읽어보면 R에 대한 기본적인 이해가 가능할 것이다. 또한 R-project의 홈페이지에서 제공하는 많은 문서들은 R 사용을 위한 많은 정보를 제공하고 있다.

학습정리 3장

1. 특허데이터의 군집화가 가능하기 위해서는 검색된 특허문서가 텍스트마이닝의 전처리 과정을 거쳐서 수치화된 데이터로 변환되어야 한다. 왜냐하면 대부분의 군집분석 기법은 개별 특허문서 간의 유사성(similarity) 측도를 이용하여 군집화가 이루어지기 때문이다.

2. 특허데이터의 군집화를 위한 유사성 측도로는 유클리디언 거리(Euclidean distance)가 주로 사용된다.

3. 계층적 군집분석은 병합적 군집화와 분할적 군집화가 있으며, 군집화 진행과정은 사전에 정해진 군집수가 될 때 끝난다.

4. K-평균 군집화는 사전에 정한 군집수(K)에 의해 전체 특허문서가 서로 유사한 것들끼리 K개의 군집으로 묶인다.

5. 계층적 군집화와 K-평균 군집화에서 필요한 최적 군집수결정을 위한 효과적인 측도로 실루엣(Silhouette) 값이 있다.

6. 자기조직화지도(SOM)는 사전에 군집수 결정이 필요 없는 신경망 기반의 군집화 기법이다. 따라서 최적 군집수 결정이 어려운 경우에 사용하면 효과적이다.

7. 연관규칙 마이닝은 지지도(support), 신뢰도(confidence), 향상도(lift)를 이용하여 세부기술들 간의 연관성을 파악하는 기법이다.

8. 연관규칙마이닝에서 향상도 값이 0에 가까울수록 두 기술간의 연관성은 없는 것으로 판정된다.

9. 사회네트워크분석을 이용하여 기술 네트워크를 구축할 수 있다.

연습문제 3장

1. 특허문서의 군집화에서실루엣 측도를 이용하여 최적 군집수를 결정하는 방법에 대하여 설명하시오.

2. 최적 군집수에 대한 정확한 정보를 알 수 없는 경우, 특허문서의 군집화를 위한 적당한 군집분석 기법에는 무엇이 있는가?

3. 다음의 연관규칙 마이닝의 결과에 대한 의미를 설명하시오.

A. $P(\text{기술 }1 \cap \text{기술 }2) = 0.2$

B. $P(\text{기술 }1 \mid \text{기술 }2) = 0.8$

C. $\dfrac{P(\text{기술 }1 \mid \text{기술 }2)}{P(\text{기술}2)} = 0$

4. K-평균 군집화에서 군집화의 반복은 언제까지 이루어지는가?

5. 특허문서에서 사회네트워크분석의 개체(노드)로 사용 가능한 항목들을 쓰시오.

제4장 기술예측 사례분석

3장에서는 기술예측을 위한 정량적 특허 분석기법에 대하여 설명하였다. 4장에서는 3장에서 다룬 기법들을 이용하여 실제로 특허데이터를 수집, 분석하여 기술예측을 위한 결과를 얻는 과정에 대한 사례분석에 대하여 다룬다. 특정 기술분야의 예측을 위하여 사용되는 특허문서는 전세계의 특허 데이터베이스를 제공하는 기관으로부터 무료로 또는 비용을 지불하고 수집할 수 있다. 대표적인 특허데이터베이스 제공 기관은 한국특허청의 특허데이터베이스(KIPRIS), 미국특허청(The United States Patent and Trademark Office; USPTO) 등이 있다.

4.1 키워드 분석을 통한 기술군집화

4.1.1 MOT 기술특허분석

이 절에서 다루는 사례분석은 저자들이 2012년에 발표한 연구결과의 일부이다(Jun, et al., 2012). 키워드분석을 이용한 기술군집화의 사례분석을 위하여 기술경영(management of technology; MOT)에 관한 비즈니스모델 특허문서(BM patent)를 검색하고 수집하였다. 특허검색을 위한 키워드 검색식은 제목(patent title)에 “기술(technology)”과 “경영(management)”을 함께 포함하고 있는 특허문서들을 검색하였다. 1948년부터 2011년 4월까지 출원, 등록된 미국(U.S.), 유럽(Europe), 그리고 중국(China)의 특허문서를 수집하였다. 이들 3개국의 MOT 관련 기술동향을비교, 분석하기 위함이다. 다음 표는 최종적으로 유효특허로 검색된 MOT 특허문서 데이터에 대한 국가별, 연도별 분포를 나타내고 있다.

〈표 4.1〉 MOT 기술특허의 국가별 연도별 분포

국가	연도별특허건수		국가별특허분포
미국	1995-1999	10	135 (53.57 %)
	2000-2005	60	
	2006-2011	65	
유럽	1995-1999	4	29 (11.51 %)
	2000-2005	17	
	2006-2011	8	
중국	1995-1999	4	88 (34.92 %)
	2000-2005	26	
	2006-2011	58	
합계		252	252 (100.00 %)

252건의 특허 문서들 중에서 미국이 전체의 절반 이상을 차지하고 있음을 알 수 있다. 또한 유럽 의 MOT 기술특허 건수보다 중국의 특허건수가 3배 이상 많음을 알 수 있다. 중국의 MOT 특허의 대부분은 2000년 이후에 등록되고 있다. 즉, 전세계 MOT는 미국이 주도하고 있지만, 중국이 최근에 놀라운 속도로 미국을 추격하고 있음을 알 수 있다. 다음 그림은 3개국의 연도별 특허건수의 추이를 시각적으로 보여준다.

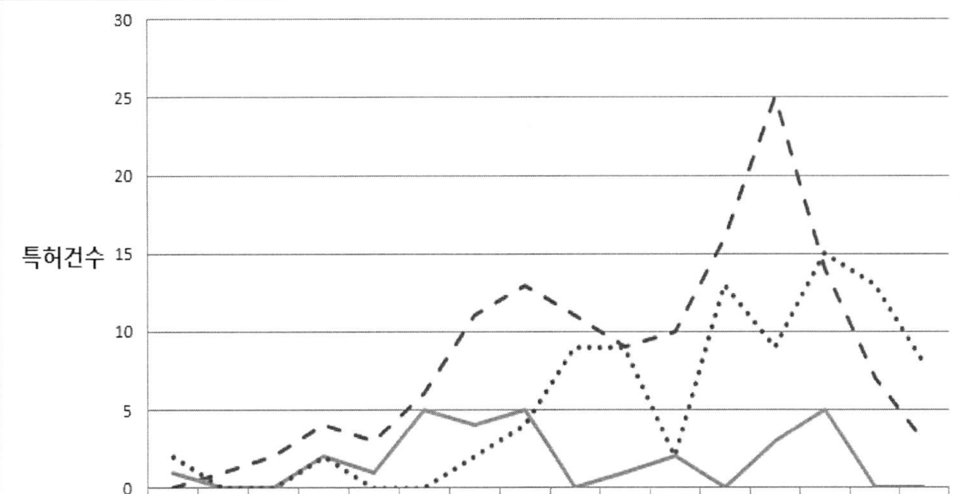

	1995	1996	1997	1998	1999	2000	2001	2002	2003	2004	2005	2006	2007	2008	2009	2010
U.S.	0	1	2	4	3	6	11	13	11	9	10	16	25	14	7	3
Europe	1	0	0	2	1	5	4	5	0	1	2	0	3	5	0	0
China	2	0	0	2	0	0	2	4	9	9	2	13	9	15	13	8

[그림 4.1] MOT 기술특허의 연도별, 국가별 분포

최초의 MOT 특허는 1995년에 중국과 유럽에서 각각 2건과 1건이 등록되었다. 미국은 이들 국가들 보다 1년 늦은 1996년에 1건이 등록되었다. 따라서 MOT 기술개발은 비교적 최근에 시작되었음을 알 수 있다. 전체적으로 MOT 기술은 2000년대 중, 후반에 가장 많은 개발이 이루어지다가 2010년에 들어서면서 점차 줄어 드는 추세를 보이고 있다. 이와 같은 전체적인 경향 가운데에서도 중국은 비교적 다른 국가들에 비해 감소추세가 적고 중국만의 MOT 기술특허 건수의 추세를 보면 오히려 증가하는 경향을 발견할 수 있다. 이를 통해 향후 중국의 MOT에 대한 연구는 더욱 활발하게 이루어질 것으로 기대할 수 있다. 군집화를 통한 기술예측의 성능평가를 위하여 다음 그림과 같이 전체 특허데이터를 학습데이터(training data)와 평가데이터(test data)로 나눈다.

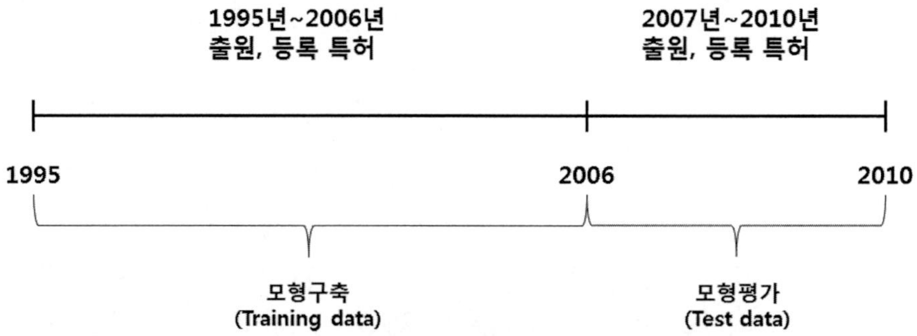

[그림 4.2] 모형성능평가를 위한 학습 및 평가데이터

MOT 특허분석의 성능평가를 위하여 최초의 특허가 출원된 1995년부터 2006년까지의 특허문서를 이용하여 특허군집화를 수행하고, 이 결과를 이용하여 2006년 시점에서 2006년 이후의 기술을 예측한다. 이때 예측된 결과와 실제 2007년부터 2010년까지의 MOT 기술특허의 결과가 유사하게 된다면 기술예측결과에 대한 타당성을 갖게 될 것이다. 다음 표는 학습데이터와 평가데이터의 구체적인 할당 결과를 나타낸다.

〈표 4.2〉 MOT 기술특허에 대한 학습 및 평가 데이터의 할당

국가	학습데이터에포함된특허건수	평가데이터에포함된특허건수
U.S.	86	49
Europe	21	8
China	43	45
Total	150	102

우선 학습데이터에 포함된 MOT 특허문서에 대한 전처리를 수행하여 다음과 같은 문서-단어 행렬(DTM)을 만든다.

〈표 4.3〉 전처리된 문서-단어 행렬: 학습데이터

국가	특허수	단어수
U.S.	86	276
Europe	21	93
China	43	144

미국특허에 대한 데이터행렬은 행의 수가 86이고 열의 수는 276임을 알 수 있다. 즉 86 건의 특허에 한 번 이상 나온 단어의 수가 276개가 되고 문서-단어 행렬의 원소는 각 특허에 나타난 해당 단어의 빈도를 나타낸다. 유럽과 중국도 미국특허와 같은 방식으로 설명된다. 최종적인 군집화를 위하여 특허-단어 행렬 데이터에 대한 주성분분석을 수행하여 특허-주성분점수 행렬데이터를 만든다. 다음 표는 3개국의 MOT 특허문서에 대한 특허-주성분점수 행렬데이터의 구조를 나타내고 있다.

〈표 4.4〉 문서-주성분 행렬 데이터의 구조

국가	주성분수	주성분설명력
U.S.	37	90.36%
Europe	11	90.69%
China	21	90.38%

우선 각 국가의 특허문서 데이터에 대한 주성분의 개수는 선택된 주성분에 의해 설명되는 부분(설명력, 변동, 분산)이 90% 이상 될 수 있도록 하였다. 이에 따라 미국은 37개, 유럽은 11개, 그리고 중국은 21개의 주성분에 의한 문서-주성분 행렬 데이터가 만들어 진다.다음으로 문서-주성분 행렬 데이터를 이용하여 군집화를 수행한다. 아래

표는 K-medoids 군집화결과이다.

예를 들어 유럽 MOT 특허문서 군집화 결과에 의해 군집 수는 3개로 이루어져 있고 각 군집에 속한 특허 수는 각각15, 4, 그리고 2 이었다. 다른 국가의 특허군집화 결과도 같은 방법으로 설명된다. 이와 같은 군집화 결과를 이용하여 기술예측을 위한 추가 분석을 수행한다. 우선 미국 특허를 이용한 MOT 기술예측을 위하여 각 군집에 속한 특허들로부터 상위 5개의 키워드를 추출하고 추출된 키워드를 이용하여 해당 군집이 대표하는 기술을 정의한 결과가 다음 표에 나타나 있다.

〈표 4.5〉 K-medoids 군집화 결과

국가	군집	특허수	군집에 할당된 세부 군집
U.S.	1	39	1,3,4,5,6,7,8,9,10,14,15,18,22,23,24,27,28,29,31,34,35,37,38,41,42,43,44,46,47,50,53,56,57,59,61,63,65,72,73
	2	33	2,11,12,13,17,19,20,21,25,26,30,32,36,39,45,48,52,54,55,60,62,66,67,70,71,75,76,77,78,81,84,85,86
	3	11	16,49,51,58,64,69,74,79,80,82,83
	4	3	33,40,68
Europe	1	15	1,2,3,4,5,7,10,12,13,14,15,17,19,20,21
	2	4	6,11,16,18
	3	2	8,9
China	1	18	1,2,3,4,7,9,11,12,14,15,16,18,20,29,31,36,41,43
	2	21	5,6,8,10,13,17,19,21,23,25,28,30,32,33,34,35,37,38,39,40,42
	3	2	22,26
	4	2	24,27
	3	13	16,49,51,58,64,69,74,79,80,82,83,98,105
	4	7	18,27,92,97,102,104,141

〈표 4.6〉 미국 MOT 특허에 대한 기술 예측

군집	특허수	상위 5개 키워드	기술 정의	비율(%)
1	39	Warehouse, storage, discovery, computing, database	Basic technology for knowledge management system	45.35 %
2	33	Customer, smart, web, assistance, predictive	Knowledge application based on Internet	38.37 %
3	11	Report, investment, dynamic, service, method	Financial technology management system	12.79 %
4	3	Telecommunication, centralized, wireless, utilizing, machine	Telecommunication technology management	3.49 %

미국 MOT 기술은 모두 4개의 세부 기술 군으로 이루어짐을 알 수 있다. 가장 활발한 기술개발이 이루어지고 있는 군집1의 기술은 "Basic technology for knowledge management system(지식관리시스템에 대한 기본기술)"에 대한 기술이다. 전체의 45% 이상을 차지하고 있다. 두 번째로 활발한 MOT 연구가 이루어지고 있는 세부 분야는 군집2에 의해 대표되는 "Knowledge application based on Internet(인터넷기반의지식응용)"이다. 군집3은 "Financial technology management system(금융 MOT)"에 대한 연구개발이 고군집4는 "Telecommunication technology management(이동통신 MOT)"에 관한 기술개발과 관련이 있다. 군집3은 전체의 MOT 기술개발결과의 약 13%에 해당되기 때문에 어느 정도 기술개발이 이루어졌다고 판단할 수 있다. 그러나 군집4의 MOT 기술은 아직 4%도 연구개발이 이루어지지 못하고 있기 때문에 향후 이분야에 대한 기술개발의 필요성이 대두될 것으로 예측하였다. 다음 표는 유럽 MOT 특허분석에 대한 기술예측결과이다.

〈표 4.7〉 유럽 MOT 특허에 대한 기술 예측

군집	특허수	상위 5개 키워드	기술정의	비율 (%)
1	15	Cell, integrated, network, CDMA, sensor	Network infrastructure	71.43 %
2	4	Switching, traffic, access, mobile, communications	Mobile communications management	19.05 %
3	2	Optimal, self, annealing, control, electroplated	Difficult to define technologies	9.52 %

유럽의 MOT 기술은 세부적으로 3개의 군집으로 이루어진다. 군집1이 대표하는 기술은 이 군집에 속한 특허들로부터 추출한 상위 5개의 키워드를 이용하여 "Network infrastructure(네트워크인프라)"로 정의되었다. 전체의 72% 가까이 되기 때문에 이미 상당부분연구개발이 이루어졌다고 판단하였다. 군집3의 세부기술은 이군집의 상위 5개의 키워드를 통하여 기술정의가 어려웠다. 이는 이군집에 속한 특허들은 다른 군집과는 매우 이질적이고 또한 같은 군집내에서도 그다지 큰 유사성을 갖지 않는다고 판단할 수 있다. 따라서 군집2의 대표기술인 "Mobile communications management(이동통신 MOT)"이 향후 유럽의 MOT 기술분야에서 필요한 기술이라고 예측될 수 있다. 다음은 중국의 MOT 연구개발에 대한 기술예측 결과이다.

군집1과 군집2는 각각 42%와 49%로서 이미 많은 개발이 이루어졌다고 판단 할 수 있다. 미국과 유럽에서는 향 후 필요한 기술로 예측되었던 "모바일 MOT" 기술이 중국에서는 이미 상당부분 이루어져 있음을 알 수 있다. 군집3은 기술정의가 어려웠고 결과적으로 군집4가 중국 MOT 분야에서 향후 필요한 기술로 예측되었다. 군집3이 대표하는 "Semiconductor technology management(반도체 MOT)"는 미국과 유럽의 경우와는 다른 결과였다.

〈표 4.8〉 중국 MOT 특허에 대한 기술 예측

군집	특허수	상위 5개 키워드	기술 정의	비율(%)
1	18	Identification, safety, fingerprint, bank, teller	Financial security	41.86 %
2	21	Ethernet, network, wireless, communications, RFID	Mobile communications management	48.84 %
3	2	Cut, entity, flexible, method, network	Difficult to define technologies	4.65 %
4	2	Semiconductor, document, bar, structure, product	Semiconductor technology management	4.65 %

이에 대한 해석은 관련 분야의 전문가에게 의뢰해 볼 수 있을 것이다. 결론적으로 미국과 유럽에서 아직 기술개발이 제대로 이루어지지 못하고 있는 "모바일 MOT"에 대한 기술을 공백기술로 결정하고 이에 대한 성능평가를 위하여 1995년부터 2006년까지의 MOT 특허를 이용하여 "모바일 MOT" 기술에 대한 특허수를 확인한 결과가 다음 표에 나타나 있다.

〈표 4.9〉 Test 데이터에 의한 MOT 기술예측 성능평가

연도	특허수	군집화에 의해 예측된 기술분야 특허수	
		Number	Percentage(%)
2007	37	10	27.0
2008	34	14	41.2
2009	20	11	55.0
2010	11	5	45.5
Total	102	40	39.2

전체적으로 2006년 까지의 경향에 비해 많이 증가하고 있음을 알 수 있다. 그러므로 특허군집화를 통하여 예측한 결과의 타당성을 확인할 수 있게 되었다.

4.1.2 R 코드를 이용한 MOT 기술특허분석

MOT 기술특허 분석을 구체적으로 구현하기 위하여 이 책에서는 R 프로그램을 이용하였다. 먼저 실습을 위하여 파일 “tr_us.csv”, “tr_eu.csv”, “tr_ch.csv”를 읽어 올 경로에 저장한다. 각각의 *.csv파일은 특허검색 사이트에서 검색한 후 전처리한 파일이다. 아래의 R 코딩에서는 키워드 분석을 위한학습데이터에 대한 분석을 실시하였다. 이제 R을 실행하여 MOT 관련 미국특허에 대한 분석을 수행한다. 이 절에서는 최적 군집수 결정을 위한 실루엣 측도값을 계산해 주는 silhouette( ) 함수와 K-medoids 군집화를 수행하는 pam( ) 함수를 제공하는 “cluster” 패키지를 사용하였다 (Maechler, 2013). 패키지의 설치와 사용에 대한 설명은 이 책의 마지막에 있는 Appendix를 참조하기 바란다.

```
> library(cluster) # cluster 패키지를 R 시스템에 로딩

> library(tm) # tm 패키지를 R 시스템에 로딩

>us=read.csv("c:/tr_us.csv",header=F, sep=",")

>us.m =as.matrix(us)  # Matrix 형태로 변환

>us.cor=Corpus(VectorSource(us.m))

>us.cor  # 정상적으로 전체 문서를 모두 인식

A corpus with 86 text documents
```

```
>us.dtm = DocumentTermMatrix(us.cor)

>us.dtm

A document-term matrix (86 documents, 276 terms)

Non-/sparse entries: 841/22895
Sparsity           : 96%
Maximal term length: 19
Weighting          : term frequency (tf)

> inspect(us.dtm) #Doc-Term Matrix를 보여 줌

>us.pca=prcomp(us.dtm, retx=T) # SVD-PCA 수행

> summary(us.pca) # 각 주성분에 대한 표준편차와 (누적)분산비율도 출력

>us.pscore=predict(us.pca) # 각 문서에 대한 전체 주성분점수를 구함

> us.ps37=us.pscore[,1:37]  # 37개 주성분사용 (U.S.)

> S.us.1=pam(us.ps37, 4)  # 군집 수를 4로 했을 때

> S1=silhouette(S.us.1)

> plot(S1) # 아래 평균실루엣 넓이 값을 확인하면 0.14
```

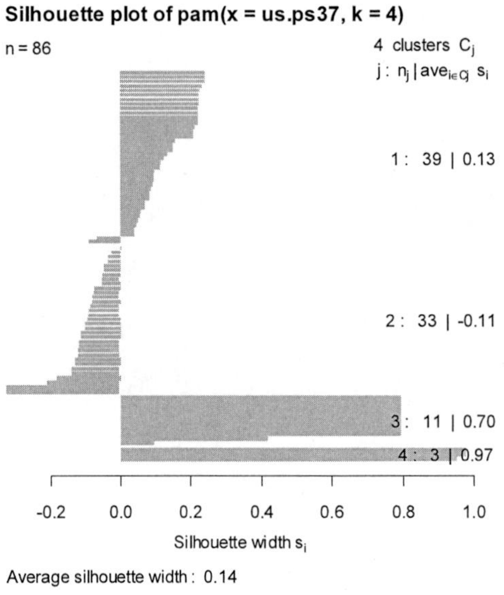


```
> S.us.1=pam(us.ps37, 3) # 군집 수를 3으로 했을 때

> S1=silhouette(S.us.1)

>plot(S1)
```

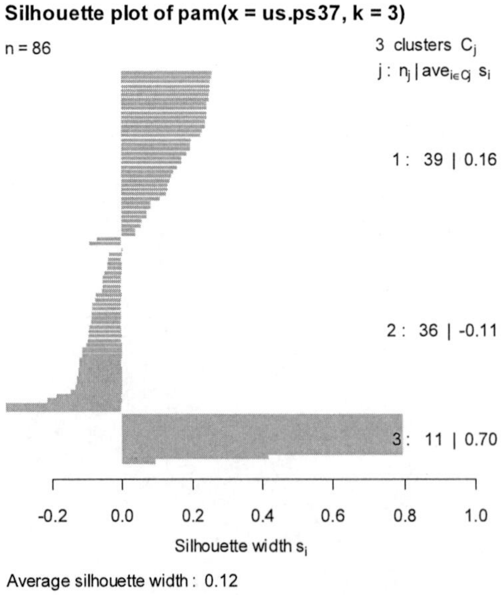

#군집 수에 따라 평균실루엣값을 비교해서 가장 큰 값을 갖는 군집수를 최적으로 결정
#미국특허 데이터는 이와 같은 방법에 의해 4로 결정

```
>us.pam=pam(us.ps37,4) #pam 함수를 이용한 K-medoids clustering

>us.pam
Medoids:
   ID        PC1        PC2        PC3        PC4        PC5         PC6
29 29  0.7672163 -0.5684453  0.4843455 -0.2076162  0.1154196  0.08083684
66 66 -0.4831910  0.4486793 -0.1816778  0.4521821 -0.5076160 -0.16285541
83 83 -1.0849605 -1.1836677 -0.3931063  0.1352114 -0.2572804  0.43523681
68 68  0.6930741  0.3025024 -0.2745525  0.6953106 -0.8293522 -1.46904589
          PC7         PC8         PC9        PC10        PC11        PC12
29 -0.2335157  0.09254287 -0.14917648 -0.19975264  0.04401379 -0.09016468
66  0.2668650  0.03075916  0.08669520  0.02821859 -0.10344891 -0.20776590
83 -0.1573008 -0.36357315  0.05266667  0.25554740  0.21991759 -0.15606878
68  0.2298655 -0.78348394  0.05283987 -0.90247209 -0.09275215  0.74495632
          PC13         PC14        PC15        PC16        PC17         PC18
29  0.04610938  0.008856785  0.10446589 -0.06303269 -0.08746260  0.031315478
66  0.14340939 -0.138923842 -0.02126552  0.33977345 -0.19737215 -0.007254969
83 -0.30987816  0.030713866  0.11534040 -0.24324178  0.07841734 -0.070951389
68 -0.24260426  0.201283873  0.08718738 -0.48755463  0.47303951  0.099609763
          PC19        PC20         PC21        PC22         PC23        PC24
29 -0.05545357 -0.05208665 -0.006465756 -0.08172702 -0.000983284 -0.08714847
66  0.24882935 -0.10261102 -0.073245866 -0.03303988 -0.027220555 -0.03693941
83 -0.10565605  0.10770938  0.015152055 -0.02926337 -0.030424896  0.01858452
68 -0.22661837  0.01552995  0.115729765  0.09579305 -0.019369714  0.20738395
          PC25         PC26        PC27       PC28         PC29        PC30
29  0.08825230  0.071250052 -0.01213504 0.02276522 -0.043648130  0.06641012
66  0.05210833 -0.095848095 -0.11815492 0.01933837  0.059886405  0.14170012
```

```
83 -0.01442008 -0.008767965 -0.10096787 0.02408560  0.004069371 -0.05159280
68  0.19042188  0.152406701 -0.14295619 0.22276486 -0.039471756 -0.16565739
          PC31         PC32        PC33        PC34        PC35        PC36
29  0.02601030  0.003966659 -0.10221147 -0.02646720 -0.11597699 -0.14191762
66 -0.17798874 -0.006082803  0.46477661 -0.14262909  0.04441472  0.07471623
83  0.06725699  0.016373669  0.01575608  0.04903848  0.01517382  0.07322219
68  0.08582798 -0.139040711  0.01596731  0.01402575 -0.02548341 -0.11037120
          PC37
29 -0.001396841
66  0.013068716
83  0.014734195
68 -0.052436364
Clustering vector:
 1  2  3  4  5  6  7  8  9 10 11 12 13 14 15 16 17 18 19 20 21 22 23 24 25
 1  2  1  1  1  1  1  1  1  1  2  2  2  1  1  3  2  1  2  2  2  1  1  1  2
26 27 28 29 30 31 32 33 34 35 36 37 38 39 40 41 42 43 44 45 46 47 48 49 50
 2  1  1  1  2  1  2  4  1  1  2  1  1  2  4  1  1  1  1  2  1  1  2  3  1
51 52 53 54 55 56 57 58 59 60 61 62 63 64 65 66 67 68 69 70 71 72 73 74 75
 3  2  1  2  2  1  1  3  1  2  1  2  1  3  1  2  2  4  3  2  2  1  1  3  2
76 77 78 79 80 81 82 83 84 85 86
 2  2  2  3  3  2  3  3  2  2  2
Objective function:
   build     swap
1.996108 1.995909

Available components:
 [1] "medoids"    "id.med"     "clustering" "objective"  "isolation"
 [6] "clusinfo"   "silinfo"    "diss"       "call"       "data"
```

각 문서에 해당군집을 할당하는 부분에 대한 내용은 뒤에서 다시 다루도록 한다.

```
>dim(us.dtm)
[1]  86 276

> us.dtm1=us.dtm[c(1,3,4,5,6,7,8,9,10,14,15,18,22,23,24,27,28,29,31,34,35,37,38,41,
42,43,44,46,47,50,53,56,57,59,61,63,65,72,73),]

>dim(us.dtm1)
[1]  39 276

> us.dtm2=us.dtm[c(2,11,12,13,17,19,20,21,25,26,30,32,36,39,45,48,52,54,55,60,62,
66,67,70,71,75,76,77,78,81,84,85,86),]

>dim(us.dtm2)
[1]  33 276

> us.dtm3=us.dtm[c(16,49,51,58,64,69,74,79,80,82,83),]

>dim(us.dtm3)
[1]  11 276

> us.dtm4=us.dtm[c(33,40,68),]

>dim(us.dtm4)
[1]   3 276

# 각 군집에서 상위 5개의 키워드 추출한다.

>findFreqTerms(us.dtm1,5)
[1] "and" "for" "information" "management"  "service" "system" "technology" "using"

>findFreqTerms(us.dtm2,5)
[1] "and" "apparatus" "customer" "for" "information" "management" "method" "network"
"support" "system" "technology" "using"
```

```
>findFreqTerms(us.dtm3,5)
[1] "and" "apparatus" "facilitating" "for" "information" "investment" "management"
"method""technology"
```

유럽이나 중국의 MOT 기술특허분석도 미국의 경우가 같은 방법으로 구현된다. 다음으로 각 문서에 해당군집을 할당할 때 기술적인 문제가 발생할 수 있다. 즉, 앞선 군집화를 통하여 각각의 특허문서가 군집화 알고리즘을 통하여 해당되는 군집에 할당되는 것을 보였다. 물론 특허수가 비교적 작은 경우에는 수작업으로 군집을 할당할 수 있지만, 검색된 특허수가 커지면 어려움이 발생한다. 따라서 엑셀을 이용한 다음의 방법을 이용하여 좀 더 간편하게 군집할당을 수행할 수 있다.

다음은 R코드에서 군집화가 되었을 때의 결과이다.

```
1  2  3  4  5  6  7  8  9 10 11 12 13 14 15 16 17 18 19 20 21 22 23 24 25
 1  2  1  1  1  1  1  1  1  1  2  2  2  1  1  3  2  1  2  2  2  1  1  1  2
26 27 28 29 30 31 32 33 34 35 36 37 38 39 40 41 42 43 44 45 46 47 48 49 50
2  1  1  1  2  1  2  4  1  1  2  1  1  2  4  1  1  1  1  2  1  1  2  3  1
51 52 53 54 55 56 57 58 59 60 61 62 63 64 65 66 67 68 69 70 71 72 73 74 75
 3  2  1  2  2  1  1  3  1  2  1  2  1  3  1  2  2  4  3  2  2  1  1  3  2
76 77 78 79 80 81 82 83 84 85 86
2     2  2  3  3  2  3  3  2  2  2
```

다음의 단계별 수행을 통하여 효율적으로 군집할당 결과를 얻을 수 있다.

(단계1) 먼저 해당 데이터를 복사해서 메모장에 붙여 넣는다.

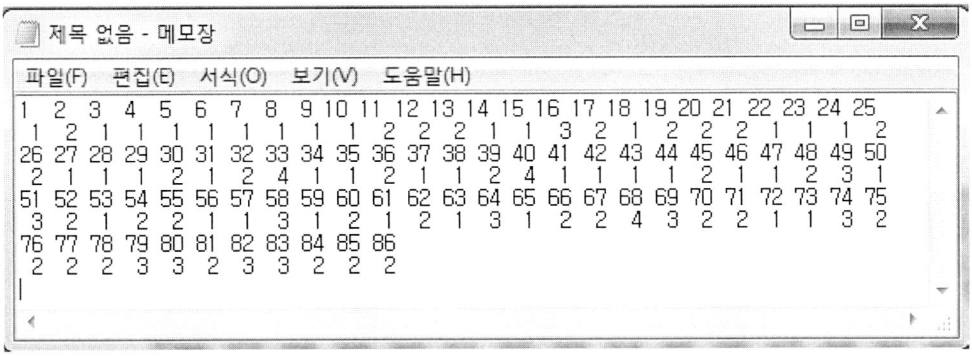

(단계2) 엑셀에서 추가적인 공백인식을 피하기 위하여 아래의 그림과 같이 데이터의 앞쪽 공백을 모두 제거한다.

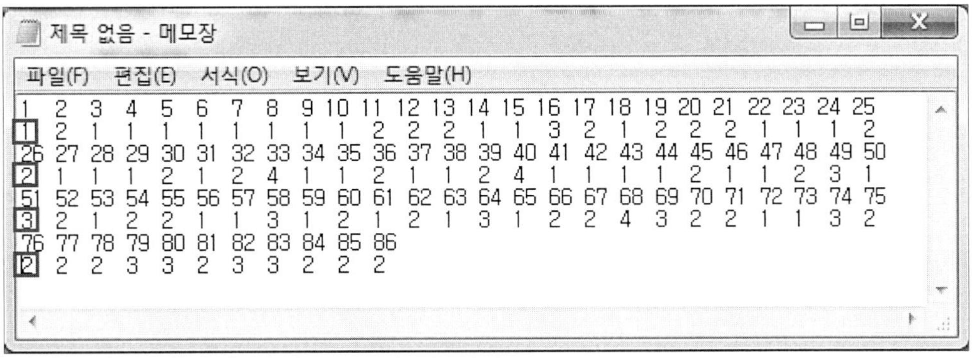

(단계3) 다음으로 (Ctrl+H) 키를 누르고 바꾸기 창을 호출한다. 그림과 같이 텍스트 사이의 공간이 두 칸인 경우, 이를 한 칸으로 바꾸기 위해 찾을 내용에는 스페이스바(space bar) 키를 두 번(공백 두 칸) 누르고, 바꿀 내용에는 스페이스바 키를 한 번만 눌러준다. 다음으로 모두 바꾸기 버튼을 누르면 된다. 엑셀에서 불러오기 위해 메모장 문서를 Raw-data.txt로 저장한다.

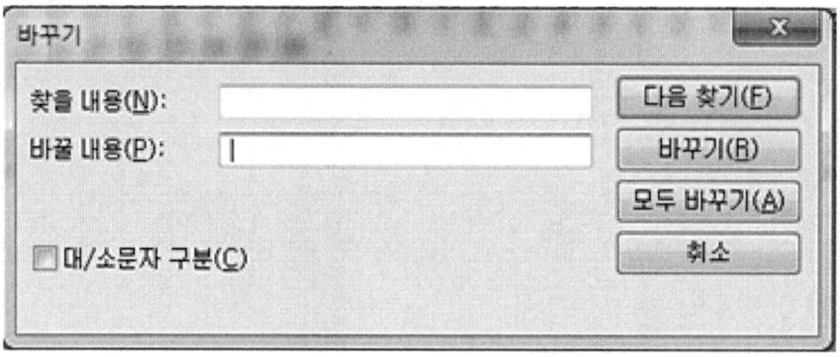

(단계4) 다음으로 엑셀에서 저장된 파일을 불러온다.

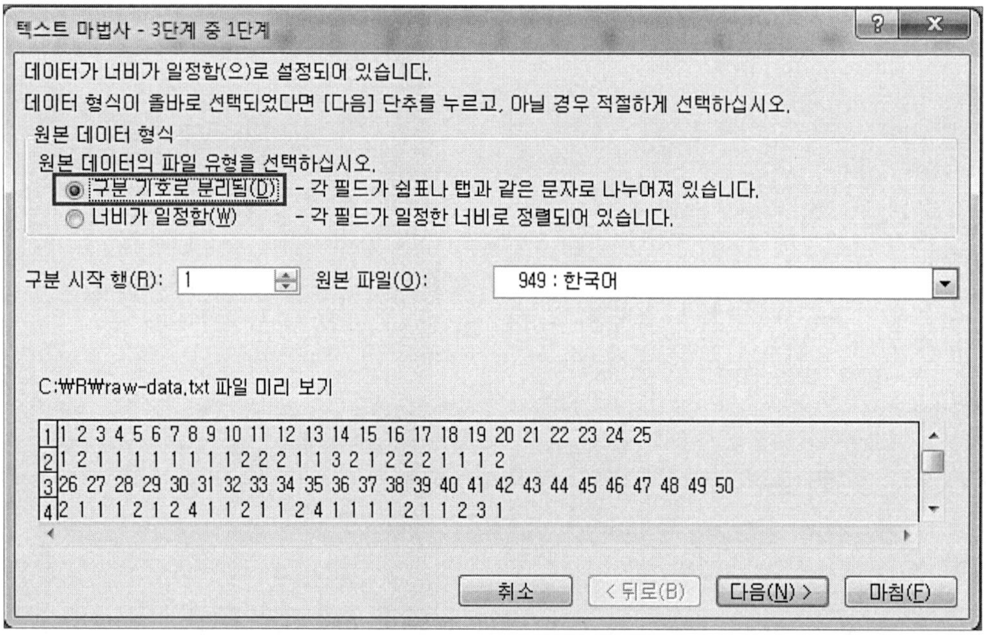

(단계5) 여기서 파일 유형은 "구분 기호로 분리됨"으로 체크한다.

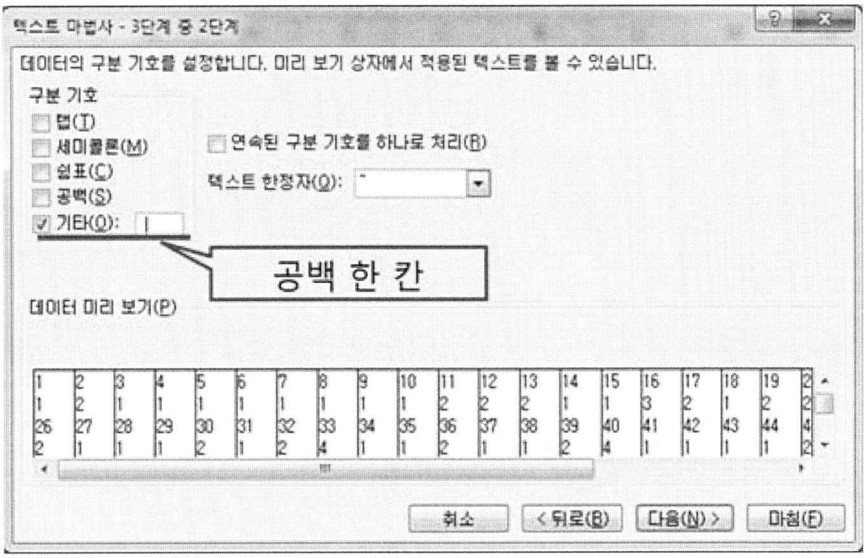

(단계6) 여기서 구분 기호는 "기타"로 표시하고, 박스에 커서를 두고 스페이스바를 한 번 누른 후 다음을 누른다.

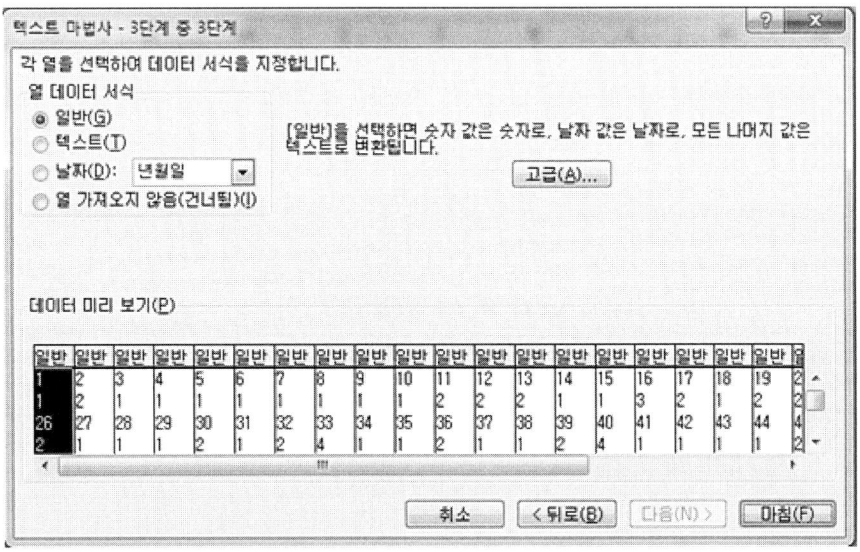

(단계7) 다음으로 마침을 누르면 된다.

(단계8) 지금까지 과정을 통하여 아래와 같이 데이터가 각각의 셀에 들어가 있는 것을 확인할 수 있다.

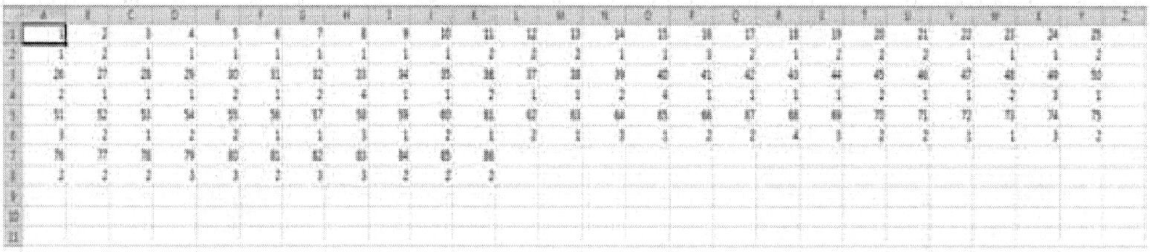

(단계9) 위 데이터는 (1, 2)행, (3, 4)행, (5, 6)행, 그리고 (7, 8)행이 한 쌍으로 되어 있다. 이제 (1, 2)행의 뒷부분에 나머지 쌍의 행들을 잘라내기 하여 붙여 넣으면 된다. 다음은 (3, 4)행의 데이터를 잘라내어 붙여 넣은 결과이다. 나머지 쌍의 행도 다음과 같이 붙여 넣어 수정하면 된다.

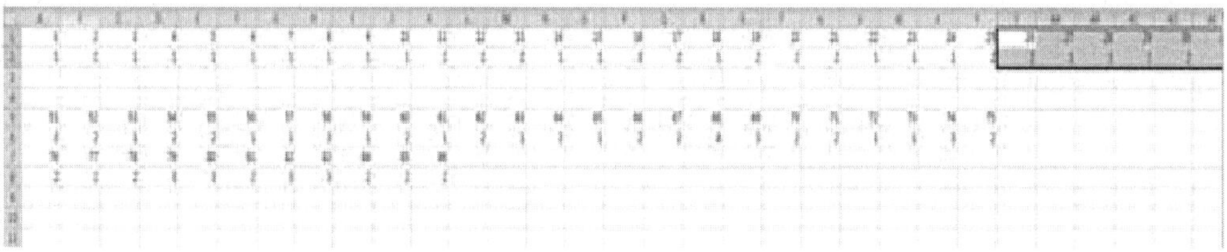

(단계10) 다음과 같이 모두 수정된 데이터를 열 기반으로 나타낸다. 먼저 데이터를 모두 복사한다.

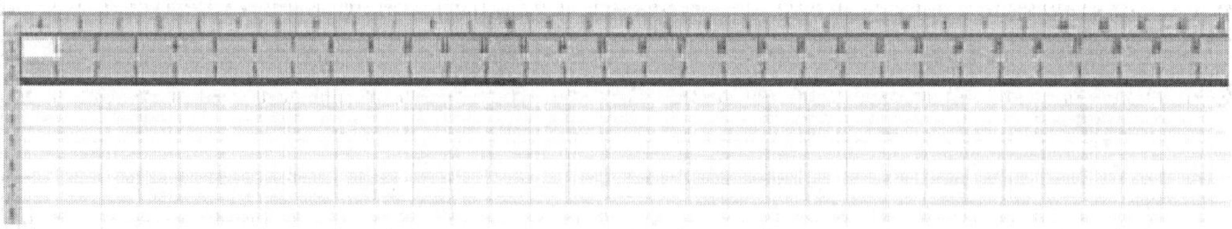

(단계11) 빈 칸에 마우스를 클릭한 후 '선택하여 붙여넣기'를 실행한다.

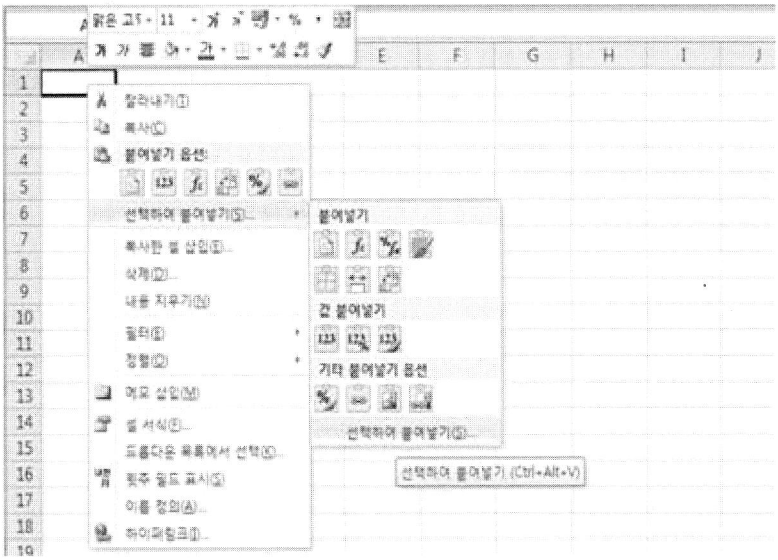

(단계12) 행/열 바꿈을 체크한다.

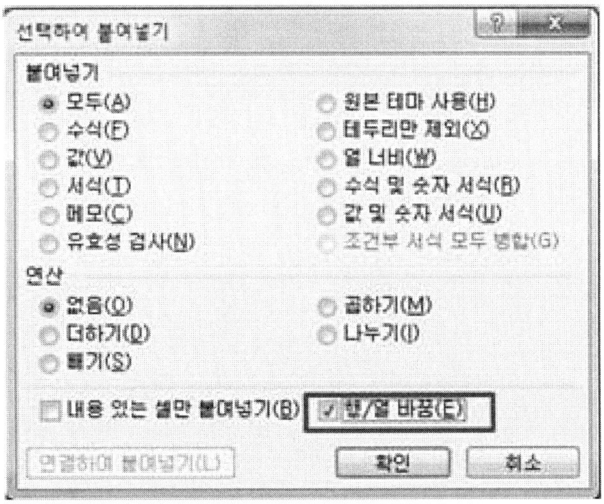

(단계13) 다음과 같이 행과 열이 전환된 것을 확인할 수 있다. 다음으로 필터링을 위하여 1열과 2열에 각각 "연번", "그룹"이라는 이름을 넣은 후, 필터링을 실시한다.

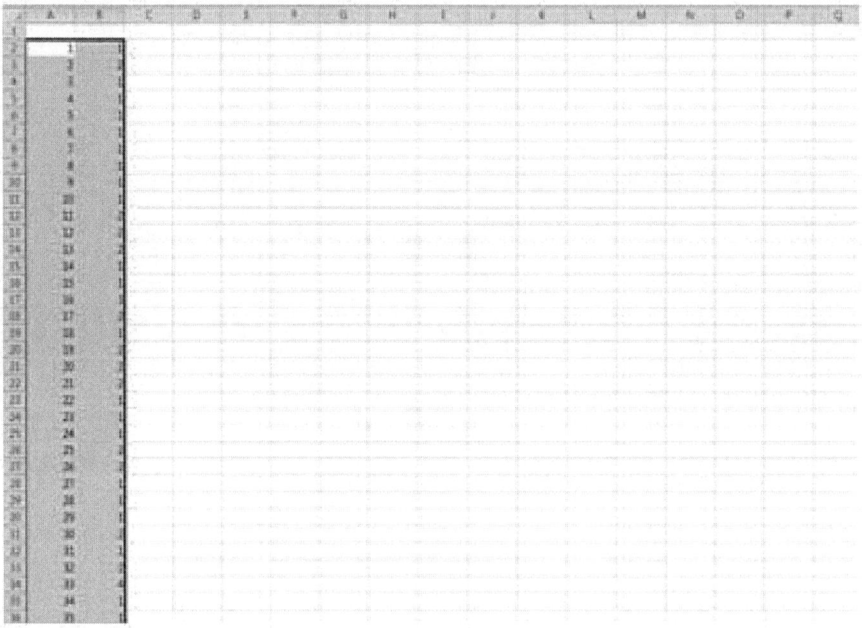

(단계14) 아래의 그림과 같이 그룹 1에 대한 필터링이 실시된다.

	A	B
1	연번	그룹
2	1	1
3	3	1
4	4	1
5	5	1
6	6	1
7	7	1
8	8	1
9	9	1
10	10	1
11	14	1
12	15	1
13	18	1
14	22	1
15	23	1
16	24	1
17	27	1
18	28	1
19	29	1
20	31	1
21	34	1
22	35	1
23	37	1
24	38	1
25	41	1
26	42	1
27	43	1
28	44	1
29	46	1
30	47	1
31	50	1
32	53	1
33	56	1
34	57	1
35	59	1
36	61	1

(단계1)에서 (단계14)까지의 절차를 통하여 손쉽게 군집할당 작업을 수행할 수 있다. 지금까지 이 절에서는 MOT 기술특허에 대한 사례분석을 위하여 미국, 유럽, 그리고 중국의 특허문서를 수집하여 R 을 이용하여 분석하였다. 이 절의 사례연구에 대한 좀 더 자세한 결과를 확인하기 위해서 아래의 논문을 참조하면 도움이 될 것이다.

S. Jun, S. Park, D. Jang (2012) ""Technology Forecasting using Matrix Map and Patent Clustering,"" Industrial Management & Data Systems, Vol. 112, Iss. 5, pp. 786-807.

이 논문에서는 이 장의 결과뿐만 아니라 특허군집화를 이용하여 공백기술을 예측하는 이론적 과정도 함께 다루고 있다. 특히 논문의 방법론을 자신의 관심 기술분야에 적용해 보면 흥미로울 것이다.

4.2 IPC 코드분석을 이용한 기술연관성 추출

4.2.1 DATABASE 기술특허분석

이 절에서 다루는 사례분석은 저자들이 2011년에 발표한 연구결과의 일부이다 (Jun, 2011 a). 기술연관성 마이닝을 이용하여 IPC코드 데이터를 분석하기 위하여 다음과 같은 키워드 검색식을 이용하여 전세계 특허데이터베이스로부터 2011년 7월까지 출원, 등록된 특허문서를 검색하였다.

Title=databases(multimedia+spatial+active+biomedical+classification+ranking+clustering+mining+visualization+integration+management+ubiquitous+mobile+extraction+modeling+provenance+quality+security + privacy+streaming +heterogeneous+warehousing+OLAP+parallel+distributed +query+processing+reliability+semantic+metadata+analysis+temporal+services)*

즉, 실험을 위하여 사용된 특허문서는 모두 "데이터베이스 기술(database technology)"에 관련된 특허문서들이다. 위 검색식에서 '+'와 "*"는 각각 'or'와 'and' 연산을 수행한다. 총 검색된 특허데이터는 모두 3983개의 특허문서로 이루어졌다. 다음 그림은 연도별로 검색된 데이터베이스 기술관련 특허의 건수를 나타내고 있다.

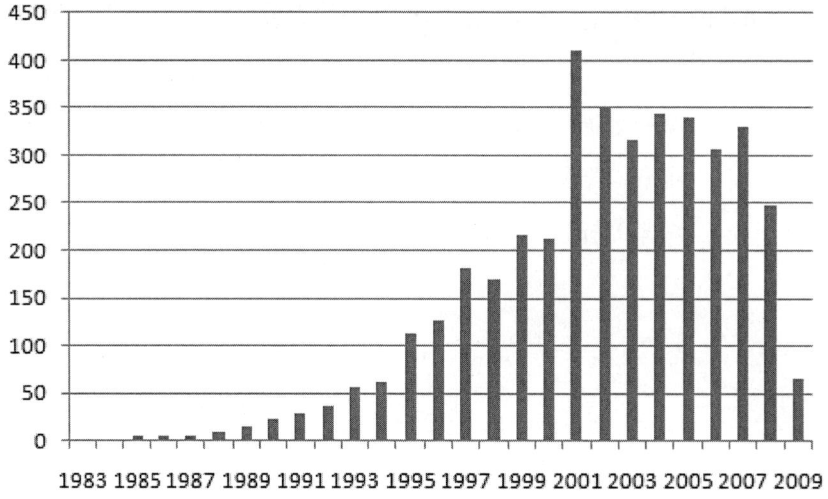

[그림 4.3] 연도별 데이터베이스기술 관련 특허건수

데이터베이스기술 관련 최초의 특허는 1983년에 출원되었음을 알 수 있다. 1990년대 중부부터 특허건수가 빠르게 증가함을 알 수 있다. 2001년 가장 많은 특허가 출원된 이후 최근에는 다소 줄어드는 추세를 보이고 있다. 연관규칙 마이닝을 위한 트랜잭션 데이터 집합을 구축하기 위하여 검색된 3983건의 특허 문서들 중에서 2개 이상의 IPC 코드를 가지고 있는 205개의 특허문서를 선택하여 최종적으로 사용할 트랜잭션 데이터집합을 만들었다. 205개 특허문서들에 포함된 서로 다른 46개 전체 IPC 코드들은 연관규칙 마이닝을 위한 아이템 집합의 구성요소가 된다. 다음 그림은 46개 IPC 코드들 중에서 빈도가 가장 높은 상위 10개의 IPC 코드를 나타낸다.

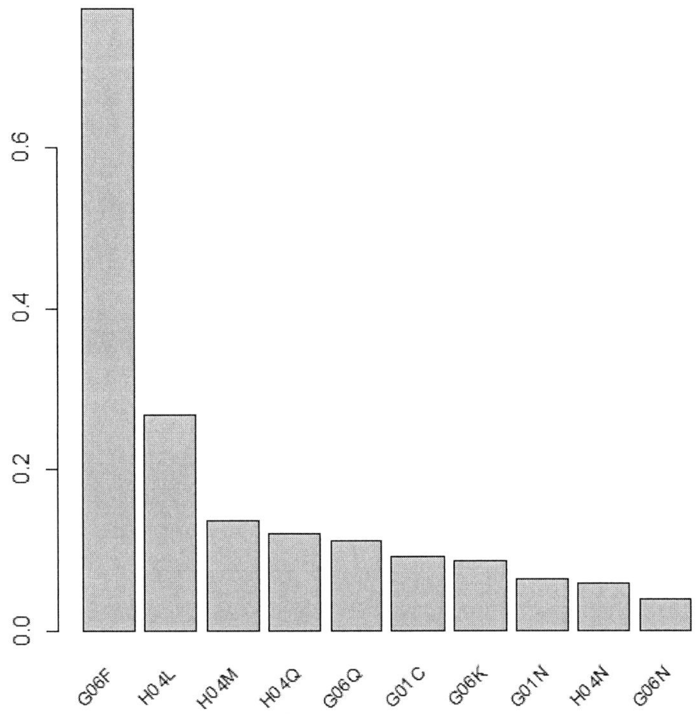

[그림 4.4] 상위 10개 IPC 코드

그림의 x축은 각 IPC 코드를 나타내고 y축은 해당 IPC 코드의 상대적인 빈도(확률)를 나타낸다. G06F가 데이터베이스기술 관련 특허문서들 중에서는 가장 많이 개발되고 있는 기술임을 알 수 있다. 다음 표는 WIPO(World Intellectual Property Organization, www.wipo.org) 의 "Browse the IPC"로부터 상위 10개 IPC코드에 대한 세부기술을 정의한 결과이다.

데이터베이스기술에서 가장 많이 사용되는 기술은 'G06F: electric digital data processing'와 'H04L: transmission of digital information, telegraphic communication'가 됨을 알 수 있다. 다음 그림은 전체 아이템 집합과 트랜잭션 데이터를 이용하여 모든 지지도, 신뢰도 그리고 향상도를 계산하여 산점도(scatter plot)로 나타낸 결과이다.

〈표 4.10〉 상위 10개 IPC코드와 해당되는 세부기술

IPC 코드	해당기술
1. G06F	Electric digital data processing
2. H04L	Transmission of digital information, telegraphic communication
3. H04M	Telephonic communication
4. H04Q	Selecting
5. G06Q	Data processing systems or methods
6. G01C	Measuring distances, levels or bearings, surveying, navigation
7. G06K	Recognition and presentation of data, record carriers
8. G01N	Investigating or analyzing materials
9. H04N	Pictorial communication, e.g. television
10. G06N	Computer systems based on specific computational models

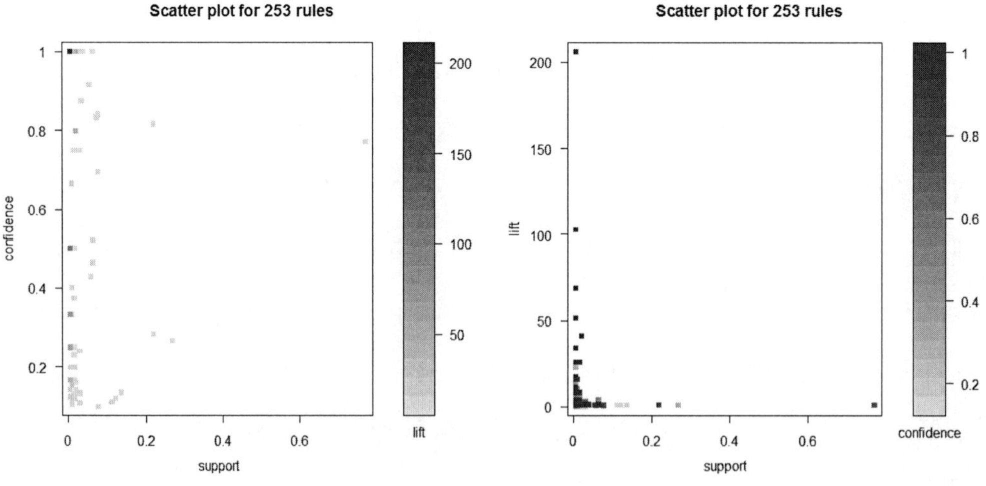

[그림 4.5] 전체 규칙에 대한 지지도, 신뢰도, 그리고 향상도 산점도

위 그림에서 왼쪽 산점도는 x축과 y축이 각각 지지도와 신뢰도를 나타낸다. 그리고 산점도에 출력된 각 점의 색깔이 진할수록 향상도 값이 크게 표현되었다. 몇 개를 제외한 대부분의 규칙에 대한 지지도 값은 0에서 0.2사이의 값임을 알 수 있다. 이에 비해 신뢰도는 0에서 1사이에 골고루 분포하고 있음을 알 수 있다. 높은 향상도 값을 갖는 진한 점들은 대부분 낮은 지지도에 형성되어 있음을 알 수 있다. 위 그림의 오른쪽 산점도는 동일한 결과를 이용하여 다른 각도에서 결과를 나타내고 있다. x축과 y축은 각각 지지도와 향상도를 나타내고 있고 점의 색깔에 대한 강도는 신뢰도를 의미한다. 대부분의 규칙은 신뢰도 값이 0에서 20 사이에 분포되어 있지만 이 값이 200이 넘는 규칙도 있음을 알 수 있다. 다음 표는 지지도 값에 의한 상위 3개의 연관규칙을 나타내고 있다.

〈표 4.11〉 지지도에 의한 상위 연관규칙

규칙 (X→Y)	순위	지지도	신뢰도
H04L → G06F G06F → H04L	1	0.2195	0.8182 0.2830
G01C → G06F G06F → G01C	2	0.0780	0.8421 0.1006
G06Q → G06F G06F → G06Q	3	0.0780	0.6957 0.1006

지지도의 성질에 의해 규칙(H04L → G06F)의 지지도와 규칙(G06F → H04L)의 지지도는 같게 된다. 하지만 신뢰도는 다르다. 기술코드 H04L과 G06F의 지지도가 가장 높음을 알 수 있다. 즉, 데이터베이스기술에서는 "Electric digital data processing" 기술과 "Transmission of digital information, telegraphic communication" 기술이 동시에 많이 개발되었음을 알 수 있다. 그러나 이 두 기술에 대한 선행, 후행 관계는 표의 2번째 열에 나타난 신뢰도 값을 이용하여 확인할 수 있다. 규칙 (G06F → H04L)에 대한

신뢰도는 0.2830인데 비해 규칙 (H04L → G06F)에 대한 신뢰도는 0.8182로 매우 큼을 알 수 있다. 즉, H04L의 기술이 개발된 후에 이를 기반으로 하여 G06F의 기술이 개발되는 것이 효율적이라는 것을 나타낸다. 연관규칙 마이닝의 지지도 관점에서 G01C와 G06F 코드에 해당하는 세부기술이 데이터베이스기술 개발에 두 번째로 중요한 기술임을 알 수 있다. 마찬가지 방법으로 G06Q와 G06F에 해당하는 세부기술도 데이터베이스기술개발에 중요한 역할을 하고 있음을 알 수 있다. 물론 이들 간의 선행, 후행의 기술개발 관계는 신뢰도를 기준으로 결정할 수 있다. 다음 표는 신뢰도를 기준으로 상위 3개 연관규칙 결과를 나타낸다.

〈표 4.12〉 신뢰도에 의한 상위 연관규칙

규칙 (X → Y)	순위	신뢰도	지지도
A61N → A61B	1	1	0.0049
G08G → G06F	2	1	0.0049
G02C → A61B	3	1	0.0049

3개의 상위 규칙 모두 신뢰도 값이 가장 큰 값인 1을 가지고 있다. 이를 통하여 선행기술이 개발되면 반드시 후행기술이 개발된다는 규칙을 알 수 있다. 예를 들어 A61N의 기술이 개발되면 반드시 이를 기반으로 A61B의 기술이 개발된다는 것을 의미한다. 또한 3개의 규칙들 모두 동일한 지지도를 갖고 있다. 지지도가 작은데도 불구하고 높은 신뢰도를 갖고 있는 이들 기술은 공백기술(vacant technology)의 가능성을 갖는다. 왜냐하면 아직 폭넓게 기술개발이 이루어지지 못하고 (작은 지지도) 있지만 기술 간의 연관성이 매우 크기(높은 신뢰도) 때문이다. 물론 이에 대한 최종 결정은 해당분야(여기서는 데이터베이스 기술분야)의 전문가와 연관규칙 마이닝의 결과에 대하여 충분한 협의를 통해 이루어 져야 한다. 다음은 향상도를 이용하여 선정된 연관규칙 결

과이다. 모두 6개의 연관규칙이 같은 향상도, 지지도, 그리고 신뢰도 값을 가지고 있다.

〈표 4.13〉 향상도에 의한 상위 연관규칙

Measure values	Generated rules
Lift=205 Support=0.0049 Confidence=1	G11C → G11B {G01C, G01S} → B60K {G01C, H04Q} → B60K {G01R, H01L} → H03K {G01C, G01S, H04Q} → B60K {G01R, G06F, H01L} → H03K

6개의 규칙 모두 205이라는 매우 큰 향상도 값을 가지고 있다. 아울러 신뢰도 값도 모두 1이다. 이에 비해 지지도는 0.0049로 아직 이들 기술이 데이터베이스기술에서 활발하게 개발되지 않은 분야임을 알 수 있다. 이 결과는 공백기술예측을 위한 흥미로운 정보를 제공한다. 향상도에 의한 연관규칙에서는 선행기술이 1개가 아닌 다수가 포함된 결과도 나타났다. 위 결과에서 규칙 {G01C, G01S, H04Q} → B60K는 G01C, G01S, 그리고 H04Q 기술들이 개발된 후에는 반드시 B60K가 개발된다는 것을 의미한다. 또한 {G01C, G01S, H04Q}의 기술과 B60K 기술의 의존관계는 매우 크다는 것을 알려준다. 앞의 결과들을 이용하여 최종적으로 다음과 같은 결론을 얻을 수 있다.

데이터베이스기술 관련 특허문서에 포함된 IPC 코드 데이터를 분석하여 총 5개의 연관규칙을 얻었다. 이 규칙들은 최종적으로 의미 있는 연관규칙에 해당한다. 먼저 규칙(G11C → G11B)를 통하여 만약 G11C 코드에 해당하는 기술이 개발되면 G11B가 개발될 것이라는 것을 예측할 수 있다. 즉, "static stores"의 기술이 개발된 후에는

〈표 4.14〉 기술예측을 위하여 최종적으로 선정된 연관규칙

최종 연관규칙	IPC코드와 해당기술
G11C → G11B {G01C, G01S} → B60K {G01C, H04Q} → B60K {G01R, H01L} → H03K {G01R, G06F, H01L} → H03K	G11C – Static stores G11B – Information storage based on relative movement between record carrier and transducer G01C – Measuringdistances, levels or bearings, surveying, navigation G01S – Radio direction-finding; Radio navigation … B60K – Arrangement or mounting of propulsion units or of transmissions in vehicles H04Q – Selecting G01R – Measuring electric variables measuring magnetic variables H01L – Semiconductor devices; Electric solid state device not otherwise provided for H03K – Pulse techniques G06F – Electricdigitaldata processing

"Information storage based on relative movement between record carrier and transducer"에 해당하는 기술이 개발될 것이라는 것을 예측할 수 있다. 같은 방법으로 ({G01C, G01S} → B60K), ({G01C, H04Q} → B60K), ({G01R, H01L} → H03K), 그리고 ({G01R, G06F, H01L} → H03K)의 규칙들도 연관규칙 마이닝을 통하여 찾아낸 데이터베이스기술을 위한 의미있는 규칙이 됨을 알 수 있다.

4.2.2 R 코드를 이용한 DATABASE 기술특허분석

이 절에서는 데이터베이스 기술특허분석을 위하여 R 코딩을 이용한 기술연관성 규칙을 찾는다. MOT 기술특허분석과 마찬가지로 실습을 위하여전처리된 "ipc_input_notdup1.txt" 파일을 R코드에서지정한 경로에 저장한다. 물론 임의의 폴더에 저

장하고 R코드의 경로명을 수정해도 된다. 다음은 특허의 IPC 데이터를 이용하여 기술간 연관성규칙을 찾는 R코드를 단계별로 설명하고 있다. 이 책의 사례분석에서는 다양한 연관성규칙에 관한 함수를 제공해 주는 "arules" 패키지를 사용한다(Hahsler, 2013). 패키지에 대한 설치및 사용에 대한 설명은 이 책의 마지막에 설명되어 있는 Appendix를 참조하면 된다. transactions( ) 함수는 "arules" 패키지가 제공하는 데이터를 불러오기 함수이다.

```
> library("arules") # arules 패키지를 R 시스템에 로딩
```

다음과 같이 read.transaction( ) 함수에서 format 옵션을basket으로 선택하게 되면 불러온 데이터를 텍스트 파일로 포맷, 저장해 준다.

```
>tr=read.transactions("c:/ipc_input_notdup1.txt ", format = "basket", sep=",")
```

"arules" 패키지가 제공하는 연관성분석 함수들은 csv 파일을 인식하지 못하기 때문에 텍스트 파일로 저장하여 불러온 것이다.

```
>tr

transactions in sparse format with
 205 transactions (rows) and
 46 items (columns)
```

tr 객체에 저장된 205개의 트렌젝션과 46개의 아이템을 확인해 준다. 다음은 itemFrequencyPlot( ) 함수를 이용하여 지지도(support)가 0.1 이상인 것만을 출력하였다.

```
>itemFrequencyPlot(tr, support=0.1, cex.names=0.8)
```

이 함수의 cex.names 옵션에서 그래프 주석의 글자 크기를 지정할 수 있다. 이 값이 클수록 글자의 크기가 커진다.

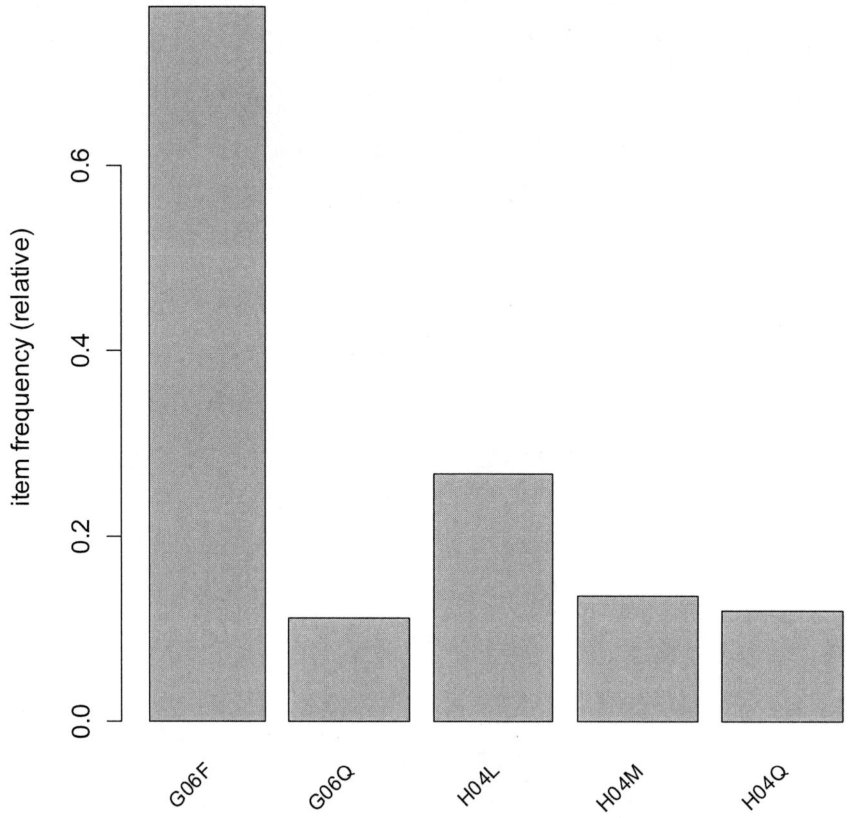

다음은 itemFrequencyPlot( ) 함수를 이용하여 빈도수가 가장 높은 상위 10개의 아이템을 출력한다.

```
>itemFrequencyPlot(tr, topN=10, cex.names=0.8)
```

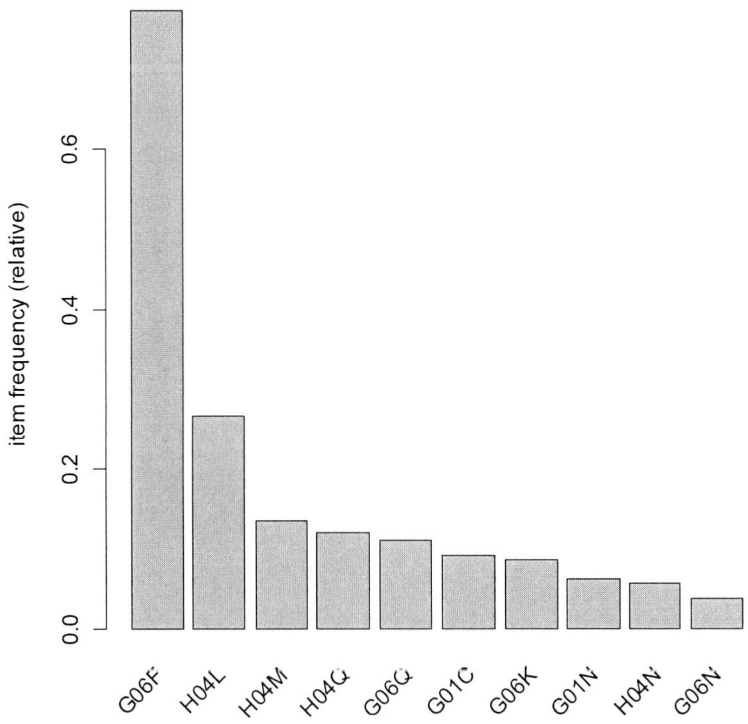

다음은 apriori( ) 함수를 이용하여 본격적으로 연관성규칙을 추출하는 R코드이다. 이 코드를 통하여 지지도가 0.001 이상, 그리고 신뢰도가 0.1이상인 모든 규칙을 찾을 수 있다.

```
>rules=apriori(tr, parameter = list(support = 0.001, confidence = 0.1))

parameter specification:
confidenceminvalsmaxaremavaloriginalSupport support minlenmaxlen target   ext
       0.1    0.1    1 none FALSE            TRUE   0.001      1     10  rules FALSE

algorithmic control:
filter tree heap memopt load sort verbose
```

```
0.1 TRUE TRUE  FALSE TRUE    2    TRUE

Warning in apriori(tr, parameter = list(support = 0.001, confidence = 0.1)) :
  You chose a very low absolute support count of 0. You might run out of memory! Increase minimum support.

apriori - find association rules with the apriori algorithm
version 4.21 (2004.05.09)        (c) 1996-2004   Christian Borgelt
set item appearances ...[0 item(s)] done [0.00s].
set transactions ...[46 item(s), 205 transaction(s)] done [0.00s].
sorting and recoding items ... [46 item(s)] done [0.00s].
creating transaction tree ... done [0.00s].
checking subsets of size 1 2 3 4 5 done [0.00s].
writing ... [253 rule(s)] done [0.00s].
creating S4 object  ... done [0.00s].
```

연관성규칙을 얻기 위한 apriori( ) 함수의 결과를 저장한 객체를 입력하면 다음과 같이 구하여진 전체 규칙수를 나타낸다.

```
>rules
set of 253 rules
```

지지도와 신뢰도가 각각 0.001 그리고 0.1이상인 전체 규칙의 개수는 모두 253개임을 알 수 있다. 다음 R 코드는 inspect( ) 함수를 이용하여 지지도 기준으로 상위 15개의 규칙을 보여준다.

```
>inspect(head(sort(rules, by = "support"), 15))
lhsrhs       support confidence     lift
```

```
1  {}     => {G06F} 0.77560976  0.7756098 1.000000
2  {}     => {H04L} 0.26829268  0.2682927 1.000000
3  {H04L} => {G06F} 0.21951220  0.8181818 1.054889
4  {G06F} => {H04L} 0.21951220  0.2830189 1.054889
5  {}     => {H04M} 0.13658537  0.1365854 1.000000
6  {}     => {H04Q} 0.12195122  0.1219512 1.000000
7  {}     => {G06Q} 0.11219512  0.1121951 1.000000
8  {G01C} => {G06F} 0.07804878  0.8421053 1.085733
9  {G06F} => {G01C} 0.07804878  0.1006289 1.085733
10 {G06Q} => {G06F} 0.07804878  0.6956522 0.896910
11 {G06F} => {G06Q} 0.07804878  0.1006289 0.896910
12 {G06K} => {G06F} 0.07317073  0.8333333 1.074423
13 {G01N} => {G06F} 0.06341463  1.0000000 1.289308
14 {H04Q} => {H04M} 0.06341463  0.5200000 3.807143
15 {H04M} => {H04Q} 0.06341463  0.4642857 3.807143
```

다음 R 코드는 inspect( ) 함수를 이용하여 신뢰도 기준으로 상위 15개의 규칙을 보여준다.

```
>inspect(head(sort(rules, by = "confidence"), 15))
lhsrhs        support confidence       lift
1  {A61N} => {A61B} 0.004878049          1  34.166667
2  {G08G} => {G06F} 0.004878049          1   1.289308
3  {G02C} => {A61B} 0.004878049          1  34.166667
4  {G11C} => {G11B} 0.004878049          1 205.000000
5  {G11B} => {G11C} 0.004878049          1 205.000000
6  {G10H} => {G06F} 0.004878049          1   1.289308
```

```
7  {B41J} => {G06F} 0.004878049         1   1.289308
8  {G08B} => {G06F} 0.004878049         1   1.289308
9  {A45T} => {G06F} 0.004878049         1   1.289308
10 {G08C} => {H04L} 0.004878049         1   3.727273
11 {H04H} => {H04N} 0.004878049         1  17.083333
12 {H04H} => {G06F} 0.004878049         1   1.289308
13 {B01D} => {G01N} 0.004878049         1  15.769231
14 {B01D} => {G06F} 0.004878049         1   1.289308
15 {E05B} => {G06K} 0.004878049         1  11.388889
```

다음 R 코드는 inspect( ) 함수를 이용하여 향상도 기준으로 상위 10개의 규칙을 보여준다.

```
>inspect(head(sort(rules, by = "lift"), 10))
lhsrhs        support confidence  lift
1  {G11C} => {G11B} 0.004878049        1.0 205.0
2  {G11B} => {G11C} 0.004878049        1.0 205.0
3  {G01C, G01S} => {B60K} 0.004878049        1.0 205.0
4  {G01C, H04Q} => {B60K} 0.004878049        1.0 205.0
5  {G01R, H01L} => {H03K} 0.004878049        1.0 205.0
6  {G01C, G01S, H04Q} => {B60K} 0.004878049        1.0 205.0
7  {G01R, G06F, H01L} => {H03K} 0.004878049        1.0 205.0
8  {H03K} => {G01R} 0.004878049        1.0 102.5
9  {G01R} => {H03K} 0.004878049        0.5 102.5
10 {H01L, H03K} => {G01R} 0.004878049        1.0 102.5
```

지금까지 이 절에서는 특허 데이터로부터 기술연관규칙을 찾기 위하여 전세계 특허청으로부터 데이터베이스 관련 특허문서를 수집하여 R을 이용하여 분석하였다. 이 절의 사례연구에 대한 좀 더 자세한 결과와 이론적 설명을 확인하기 위하여 다음의 논문을 참조하면 될 것이다.

S. Jun (2011) "IPC code Analysis of Patent Documents Using Association Rules and Maps - Patent Analysis of Database Technology,"Communications in Computer and Information Science, Springer, Vol. 258, pp. 21-30

이 논문은 이 장에서 나타내는 결과뿐만 아니라 연관규칙 마이닝을 이용하여 기술간에 존재하는 연관규칙을 찾아가는 이론적 과정도 다루고 있다. 특히 논문에서 제공하는 방법론을 자신의 관심 기술분야에 적용해 본다면 흥미로울 수 있을 것이다.

4.3 사회네트워크분석을 이용한 기술네트워크

4.3.1 SOFTWARE 기술특허 분석

이 절에서 다루는 사례분석은 저자들이 2012년에 발표한 연구결과의 일부이다(Jun, 2012b). 사회네트워크분석(SNA)을 이용한 특허분석을 위하여 전세계 특허데이터베이스로부터 "소프트웨어 안전과 신뢰성(software safety and reliability SSR)" 기술에 관한 특허를 검색하였다. 수집된 전체 특허 건수는 141건이었다. 연도별 특허 건수는 다음과 같다.

〈표 4.15〉 연도별 특허건수

연도	특허건수	연도	특허건수
1992	2	2002	7
1993	3	2003	12
1994	2	2004	14
1995	2	2005	10
1996	3	2006	15
1997	0	2007	7
1998	0	2008	9
1999	4	2009	17
2000	6	2010	12
2001	3	2011	13

SSR 기술관련 특허는 2000년대에 들어서면서 출원이 서서히 증가하다가 이 후 급속하게 증가하고 있음을 알 수 있다. 최초의 특허는 1992년에 출원되었다. 즉 1990년대에 들어서면서 SSR 기술은 개발되기 시작하였다. SSR의 세부 기술들 간의 연관성을 파악하기 위하여 이분네트워크(bipartite network) SNA 그래프를 구축한다. 첫째로 SSR 관련특허들의 기술군집화를 위하여 퍼지군집화를 수행한다. 이 결과를 이용하여 SNA 그래프작성의 입력 데이터로 사용될 소속행렬(affiliation matrix)을 만든다. 퍼지군집화를 위하여 우선 최적 군집수를 결정한다. 3장의 군집화에서 다루었던 실루엣 측도를 이용하여 최적군집수를 결정하였다. 다음 그림은 선택된 군집에 다른 평균실루엣 값(average Silhouette width)을 나타내고 있다.

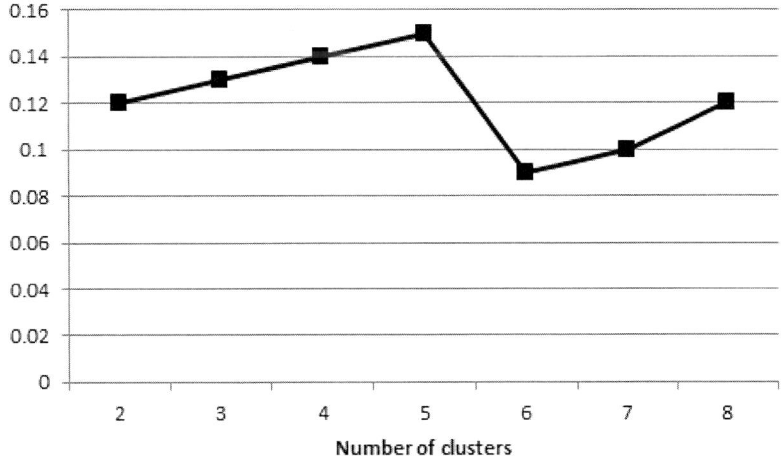

[그림 4.6] 군집 수에 따른 실루엣 값

위 그림에서 군집수가 5일 때 가장 큰 실루엣 값이 계산됨을 알 수 있다. 따라서 퍼지 군집화를 위한 최적 군집수는 5로 결정하였다. SSR 기술관련 특허문서가 5개의 군집을 형성한다는 것은 SSR기술이 5개의 세부기술로 나눠진다는 것을 의미한다. 즉 SSR 기술을 개발하기 위해서는 5가지의 세부기술에 대한 연구개발이 유기적으로 이루어져야 한다. 다음 그림은 군집수가 5인 퍼지군집화를 수행한 결과로 얻어 결과이다.

	[,1]	[,2]	[,3]	[,4]	[,5]
1	0.25998365	0.16567752	0.14867774	0.25998363	0.16567746
2	0.17058766	0.29996450	0.05889565	0.17058777	0.29996442
3	0.10066073	0.05330000	0.69207860	0.10066068	0.05329998
4	0.07416760	0.04019903	0.77126679	0.07416756	0.04019902
5	0.32109149	0.13909209	0.07963283	0.32109158	0.13909201
...					
137	0.30709965	0.09916412	0.18747278	0.30709937	0.09916408
138	0.29583411	0.16865785	0.07101601	0.29583427	0.16865776
139	0.28309063	0.11841309	0.19699278	0.28309046	0.11841304
140	0.24254523	0.09306251	0.32878477	0.24254502	0.09306247
141	0.07408204	0.04201517	0.76780563	0.07408200	0.04201516

[그림 4.7] 퍼지군집화에 의한 각 특허의 군집 소속 값

위 그림에서 각 행은 개별특허문서를 나타내고 각 열은 군집을 나타낸다. 즉, 행의 크기는 141이고 열의 크기는 5이다. 예를 들어 마지막 특허문서인 특허 141은 군집3에 속할 소속값(membership value)이 가장 큰 0.7678의 값을 가진다. 다음으로 군집4에 속할 가능성이 두 번째로 높음을 알 수 있다. 이 값을 이용하여 각 특허문서에 대하여5개 군집에 속할 소속값을 통하여 퍼지군집화 결과를 사용할 수 있다. 이때 소속값의 임계값(cut-off value)을 사용하여 각 특허문서에 대한 할당 군집들을 결정할 수 있다. SSR 기술관련 특허데이터의 군집화에서는 임계값을 0.2로 결정하였다. 물론 이 값은 전문가의 판단에 의해 좀 더 최적으로 결정할 수 있을 것이다. 다음 그림은 임계값을 이용하여 각 군집을 최종적으로 할당한 결과를 나타내고 있다.

특허	cluster1	cluster2	cluster3	cluster4	cluster5
1	1	0	0	1	0
2	0	1	0	0	1
3	0	0	1	0	0
4	0	0	1	0	0
5	1	0	0	1	0
...					
137	1	0	0	1	0
138	1	0	0	1	0
139	1	0	0	1	0
140	1	0	1	1	0
141	1	0	1	0	0

[그림 4.8] 특허문서의 군집할당 결과

위 결과에서 해당 특허가 특정 군집에 할당되면 1의 값을 가지고 그렇지 않으면 0의 값을 갖게 된다. 예를 들어 특허1은 군집1과 군집4에 속하게 된다. 이와 같은 퍼지군집화의 최종 결과를 이용하여 이분네트워크의 SNA 그래프를 그리기 위한 지표행렬로 사용하였다. 이 절의 실험에서 SSR 기술 관련 특허데이터는 국제출원특허(WOPCT), 미국특허(US), 그리고 유럽특허(EP)의 특허문서 데이터로 이루어졌다. 먼저 다음 그림은 WOPCT 특허데이터로부터의 이분네트워크 SNA그래프를 나타내고 있다.

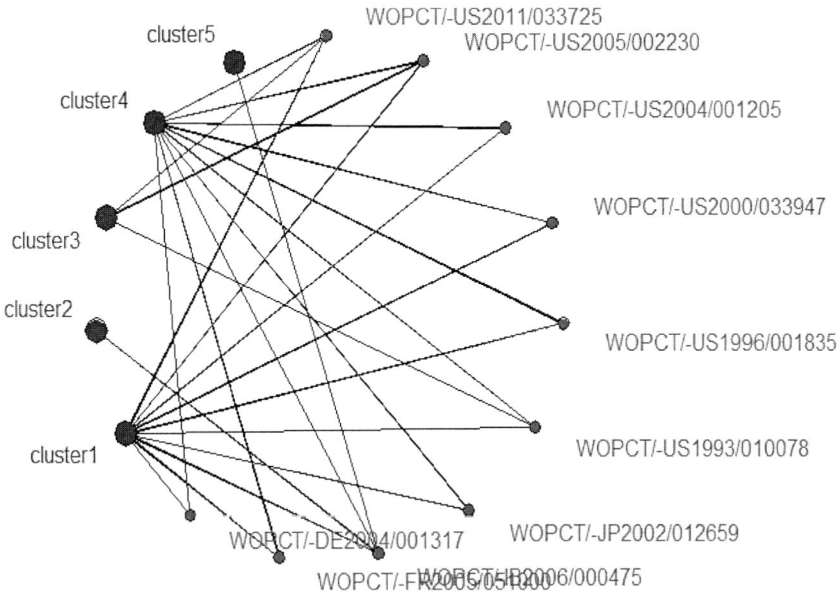

[그림 4.9] WOPCT 특허데이터를 이용한 이분네트워크 SNA 그래프

위 그림을 통하여 'WOPCT/-IB2006/000475'가 4개의 군집들(cluster1, cluster2, cluster4, 그리고 cluster5)과 연결되어 있음을 알 수 있다. 이를 통하여 'WOPCT/-IB2006/000475' 특허가 대표하는 개발기술이 SSR 기술에 폭넓게 사용되고 있음을 알 수 있다. 군집1과 군집4는 SSR 기술을 대표하는 세부 기술들임을 알 수 있다. 왜냐하면 이들 군집은 대부분의 기술특허들과 연결되어 있기 때문이다. 또한 WOPCT 특허들의 상대적인 중요성을 파악하기 위하여 각 특허의 DCS(degree-centrality score) 값들을 구한 결과는 다음 표와 같다. 이 값이 클수록 해당되는 특허의 중요성은 크게 된다.

〈표 4.16〉 WOPCT 특허의 DCS 값

특허번호	DCS	특허번호	DCS
WOPCT/-US2011/033725	3	WOPCT/-US1993/010078	3
WOPCT/-US2005/002230	3	WOPCT/-JP2002/012659	2
WOPCT/-US2004/001205	2	WOPCT/-IB2006/000475	4
WOPCT/-US2000/033947	2	WOPCT/-FR2005/051000	2
WOPCT/-US1996/001835	2	WOPCT/-DE2004/001317	2

'WOPCT/-IB2006/000475' 특허의 DCS 값이 가장 크게 나타남을 알 수 있다. 즉, 이 특허가 SSR 기술에서 매우 중요한 기술특허임을 확인할 수 있다. 'WOPCT/-US2011/033725', 'WOPCT/-US2005/002230', 그리고 'WOPCT/-US1993/010078' 특허들도 SSR 기술에 대한 연구개발을 위하여 의미 있는 세부기술을 포함하고 있음을 알 수 있다.

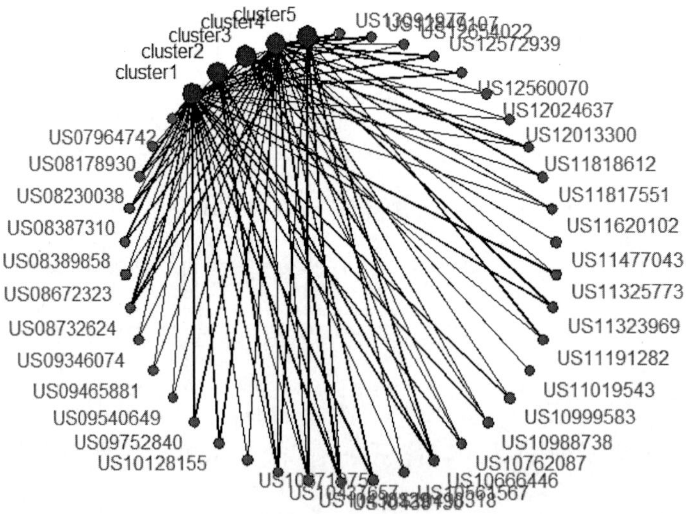

[그림 4.10] US 특허데이터를 이용한 이분네트워크 SNA 그래프

왜냐하면 이들 특허들의 DCS 값들이 상대적으로 다른 특허들에 비해 크기 때문이다. 다음 그림은 미국특허(US) 데이터에 대한 이분네트워크 SNA그래프를 나타내고 있다.

구축된 그림을 통하여 'US10666446', 'US10438130', 'US10438129', 'US10437657', 그리고 'US08732624' 특허들이 다른 특허들에 비해 군집들과 더 많이 연결되어 있음을 알 수 있다. 따라서 이들 특허들이 SSR 기술분야에서는 의미 있는 기술특허가 된다. 다음 표는 미국특허 데이터에 대한 DCS 값들을 나타내고 있다.

〈표 4.17〉 US 특허의 DCS 값

특허번호	DCS	특허번호	DCS	특허번호	DCS
US13091977	3	US11191282	2	US09752840	2
US12849107	2	US11019543	1	US09540649	2
US12654022	2	US10999583	2	US09465881	2
US12572939	2	US10988738	3	US09346074	2
US12560070	2	US10762087	3	US08732624	4
US12024637	2	US10666446	4	US08672323	2
US12013300	2	US10561567	2	US08389858	2
US11818612	3	US10498318	2	US08387310	3
US11817551	2	US10438130	4	US08230038	3
US11620102	3	US10438129	4	US08178930	2
US11477043	1	US10437657	4	US07964742	3
US11325773	2	US10371975	2		
US11323969	2	US10128155	2		

'US11477043' 와'US11019543' 특허는 고립된 기술(isolated technology)로 판정될 수 있다. 왜냐하면 이 특허들의 DCS 값이 모두 1이기 때문이다. 즉, 'US11477043'와 'US11019543'특허는 SSR 기술개발에서는 상대적으로 덜 중요한 세부기술이라고 판단할 수 있다. 다음 그림은 유럽특허(EP) 데이터에 대한 이분네트워크 SNA그래프를 나타내고 있다.

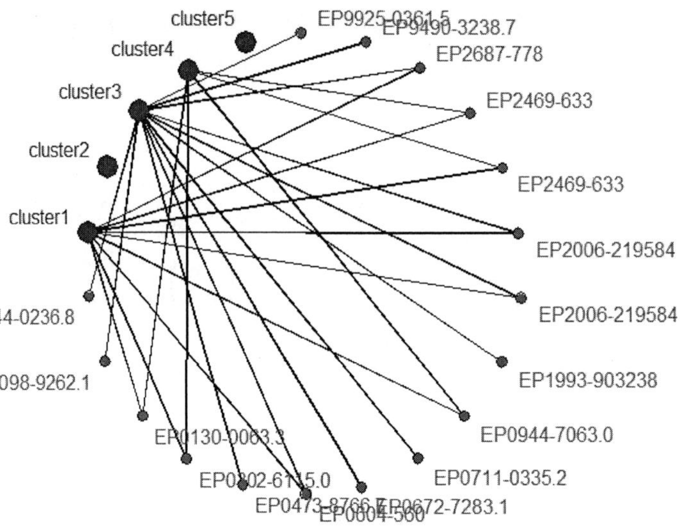

[그림 4.11] EP 특허데이터를 이용한 이분네트워크 SNA 그래프

유럽특허 데이터는 국제출원과 미국특허 데이터와는 다른 경향을 보인다. 유럽특허 데이터를 이용한 SNA 그래프의 경우에는 특별히 다른 특허들에 비해 군집들과의 연결이 강한 특허를 찾지 못하였다. 즉, 대부분의 특허들이 1개 또는 2개의 군집들과 연결되어 있다. 그러나 군집1과 군집3은 중요한 기술군집으로 고려된다. 왜냐하면 이들 군집은 다른 많은 특허문서들과 연결되어 있기 때문이다. 다음 표는 유럽특허 데이터에 대한 DCS 값들을 나타내고 있다.

〈표 4.18〉 EP 특허의 DCS 값

특허번호	DCS	특허번호	DCS	특허번호	DCS
EP9925-0361.5	1	EP2006-219584	2	EP0473-8766.7	1
EP9490-3238.7	1	EP1993-903238	1	EP0302-6115.0	2
EP2687-778	2	EP0944-7063.0	2	EP0130-0063.3	2
EP2469-633	2	EP0711-0335.2	1	EP0098-9262.1	1
EP2469-633	2	EP0672-7283.1	1	EP0044-0236.8	1
EP2006-219584	2	EP0604-560	2		

유럽특허 데이터에서 대부분의 기술특허에 대한 DCS 값은 1또는 2였다. 그러므로 SSR 기술관련 지배적인 기술특허를 유럽특허 데이터에서는 발견할 수 없었다. 마지막으로 다음 표는 모든 군집들에 대한 DCS와 BCS값들을 보여준다.

〈표 4.19〉 개 군집들에 대한 DCS와 BCS 값

Cluster	WOPCT		US		EP	
	DCS	BCS	DCS	BCS	DCS	BCS
1	10	71	30	683	9	172
2	1	0	10	190	0	0
3	3	2	10	177	12	238
4	10	71	30	683	5	10
5	1	0	10	190	0	0

국제출원과 미국특허 데이터에서 군집1과 군집4는 SSR 기술개발과 관련하여 중요한 세부기술로서 판정할 수 있다. 이에 비해 유럽특허 데이터에서는 군집3이 중요기

술 군집으로 결정되었다. 결론적으로 국제출원과 미국특허의 SSR 기술경향과 유럽의 SSR 기술경향은 차이가 있음을 알 수 있었다. 이와 같은 결론에 대한 해석은 SSR 기술 관련 현업 실무자 및 이 분야 전문가와의 협의를 통해 가능할 것이다. 또한 각 군집에 대한 정의는3.1절과 4.1절의 특허 군집화에서 소개된 키워드 도는 IPC 코드 기반 방법으로 나타낼 수 있다.

4.3.2 R코드를 이용한 SOFTWARE 기술특허 분석

이 책에서는 사회네트워크 분석을 위하여 R의 "sna" 패키지를 사용하였다. 이 책에서 제공되는 예제파일은 SSR 관련 검색된 특허를 전 처리한 결과이다. 다음은 단계별 특허분석 결과를 나타낸다.

```
> library(sna) # sna 패키지를 R시스템에 로딩

> library(tm) # tm 패키지를 R시스템에 로딩

>ssr=read.csv("c:/ssr_text.csv",header=T, sep=",") # 예제 데이터를 불러와 ssr 객체에 저장

> names(ssr) # ssr 데이터 객체에 포함된 변수들을 출력
[1] "id"    "p_num" "title" "abst"

> ssr.t=paste(ssr[,3],ssr[,4]) # 제목과 요약을 합침.

>ssr.m =as.matrix(ssr.t)  # Matrix 형태로 바꿔 주어야 함.

>ssr.cor=Corpus(VectorSource(ssr.m))

>ssr.cor
```

```
A corpus with 141 text documents

>ssr.dtm = DocumentTermMatrix(ssr.cor)

>inspect(ssr.dtm) # Doc-Term Matrix를 보여 줌
>dim(ssr.dtm)
[1] 141 2565

>nssr.dtm=ssr.dtm[,101:2565] #1부터 100까지는 의미없는 단어(기호)들은 제거

>dim(nssr.dtm)
[1] 141 2465

> inspcct(nssr.dtm[1,1:10]) #하나의 특허에 대하여 1~10의 열을 확인
A document-term matrix (1 documents, 10 terms)
Non-/sparse entries: 0/10
Sparsity           : 100%
Maximal term length: 13
Weighting          : term frequency (tf)
   Terms
Docs abnormal abort about above accelerated acceleratedly accelerating accepted accepted, accepts
 1        0     0     0     0           0             0            0        0         0       0
```

다음은 실루엣 측도를 이용하여 최적 군집수를 구하는 R 코드이다. 실루엣 값을 구해주는 silhouette( ) 함수는 "cluster" 패키지에 있다.

```
> library(cluster) # cluster 패키지를 R 시스템에 로딩

>sc=pam(nssr.dtm, 5)
```

```
>si=silhouette(sc)

>plot(si) # silhouette plot
```

다음은 특허문서-단어 행렬 데이터에 대하여 주성분분석을 이용한 주성분점수를 구하는 과정이다.

```
>ssr.pca=prcomp(nssr.dtm, retx=T) # SVD-PCA 수행

>ssr.score=predict(ssr.pca)

>ssr.score3=ssr.score[,1:3] #전체 중에서 주성분 3개만 쓴 것

>ssr.score3
Docs          PC1          PC2          PC3
  1   -3.15366524  -4.06539377  5.031647808
  2    5.04302889  -1.88583713  0.980112926
  3  -11.03574079   0.08538216  0.547420742
  4  -11.51170178   0.81310426 -0.248377557
  5   -0.87449099  -1.32987328  1.400630361
  6   13.67864573  -7.13635639  7.619780667
  7   -7.15679534   0.24255577  2.174843413
  8   -7.33577435   2.05595306  1.084145901
  9   -0.05545306   4.53382536  1.838977024
  10  -3.33443560   1.85147327 -6.106229217
  11  -7.33577435   2.05595306  1.084145901
.........................................................................
```

다음 R코드는 fanny( ) 함수를 이용한 특허데이터의 퍼지군집화 과정이다. 사회네트워크 분석을 위한 인접행렬을 구축하기 위하여 퍼지군집화 결과를 이용한다.

```
>ssr.fc=fanny(ssr.score3, 5)#퍼지군집화를 위한 fanny( ) 함수는 cluster패키지에 있음

>ssr.fc # 퍼지군집화 결과를 보여 줌

>ssr.fc$membership # 퍼지군집화 결과 중에서 각 특허가 특정군집에 소속될 membership 값을 보여 줌
```

위 결과를 엑셀에 저장한 후에 membership 값이 0.2보다가 크면 1, 아니면 0로 할당한 후 메모장에 amatrix.txt로 저장한다. 저장할 때, 메모장으로 "붙여넣기"를 수행한 다음 "바꾸기"메뉴에서 공백 처리, 한 후 저장 엑셀에서 불러오기를 하면 간편하게 처리할 수 있다.

```
> am=read.table("c:/amatrix.txt",header=T, sep="") # a-matrix를 위한 군집화결과

>sam=am[,2:6] #첫번째 id는 불필요 하기 때문에 사용하지 않음

>msam=as.matrix(sam)

>is.matrix(msam)
[1] TRUE

>colnames(msam)
[1] "cluster1" "cluster2" "cluster3" "cluster4" "cluster5"

>rownames(msam)
NULL
```

```
>rownames(msam)=ssr$p_num
```

ssr$p_num만 입력해 보면 개별 특허번호가 나오는 것을 확인할 수 있다.

```
>rownames(msam)
 [1] "US12572939"        "US10561567"          "US11019543"
 [4] "EP0473-8766.7"     "WOPCT/-DE2004/001317" "CN2011-10312104"
 [7] "10249644"          "US07964742"          "US08389858"
[10] "US08672323"        "US08230038"          "US08387310"
...
```

이제 본격적으로 SNA 그래프를 그리기 위하여 R 프로그래밍 과정을 수행한다. 다음은 WOPCT 특허데이터를 이용한 기술 네트워크 구축이다.

```
>msam.w=msam[c(60,57,56,54,53,52,55,59,58,5),]

>msam.w
                     cluster1 cluster2 cluster3 cluster4 cluster5
WOPCT/-US2011/033725     1        0        1        1        0
WOPCT/-US2005/002230     1        0        1        1        0
WOPCT/-US2004/001205     1        0        0        1        0
WOPCT/-US2000/033947     1        0        0        1        0
WOPCT/-US1996/001835     1        0        0        1        0
WOPCT/-US1993/010078     1        0        1        1        0
WOPCT/-JP2002/012659     1        0        0        1        0
WOPCT/-IB2006/000475     1        1        0        1        1
WOPCT/-FR2005/051000     1        0        0        1        0
WOPCT/-DE2004/001317     1        0        0        1        0
```

```
> n = nrow(msam.w)

> m = ncol(msam.w)

> B = rbind(cbind(matrix(0,n,n),msam.w),cbind(t(msam.w),matrix(0,m,m)))

>vertex.col<- c(rep("red",n),rep("blue",m))

>vertex.cex<- c(rep(1,n),rep(2,m))

>gplot(B, mode="circle", displaylabels=T, boxed.labels=F,
+       vertex.col=vertex.col, vertex.cex=vertex.cex,
+       label.col=vertex.col, label.cex=1.0, usearrows=F)
```

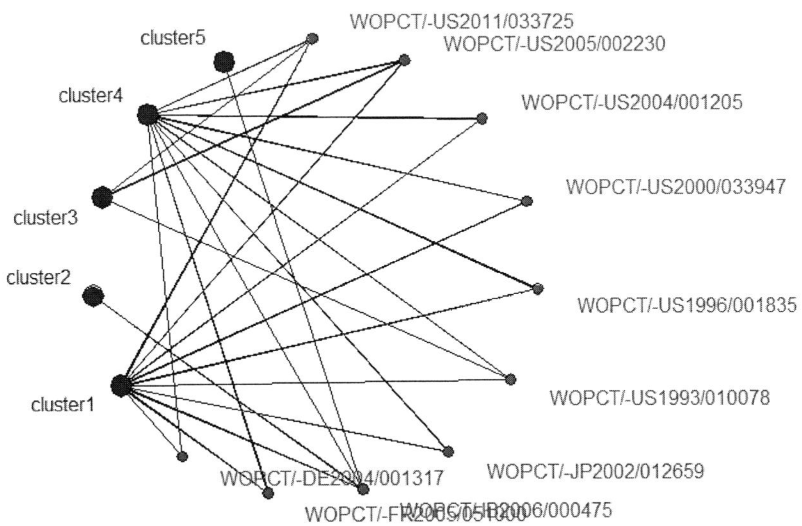

다음은 WOPCT 특허데이터에 대한 Degree와 betweenness를 구하는 코드이다.

```
>R.degree<- degree(B,cmode="indegree")[1:n]
```

```
>R.closeness1 <- closeness(B)[1:n]

>R.closeness2 <- closeness(B,cmode="suminvundir")[1:n]

>R.betweenness<- betweenness(B)[1:n]

>R.degree
[1] 3 3 2 2 2 3 2 4 2 2

>round(R.closeness1,2)
[1] 0.52 0.52 0.48 0.48 0.48 0.52 0.48 0.56 0.48 0.48

>round(R.closeness2,2)
[1] 0.58 0.58 0.54 0.54 0.54 0.58 0.54 0.63 0.54 0.54

>round(R.betweenness,0)
[1]  8  8  0  0  0  8  0 50  0  0

>C.degree<- degree(B,cmode="indegree")[(n+1):(n+m)]

>C.closeness1 <- closeness(B)[(n+1):(n+m)]

>C.closeness2 <- closeness(B,cmode="suminvundir")[(n+1):(n+m)]

>C.betweenness<- betweenness(B)[(n+1):(n+m)]

>C.degree
[1] 10  1  3 10  1

>round(C.closeness1,2)
```

```
[1] 0.78 0.37 0.39 0.78 0.37

>round(C.closeness2,2)
[1] 0.86 0.41 0.49 0.86 0.41

>round(C.betweenness,0)
[1] 71  0  2 71  0
```

미국과 유럽 특허 데이터도 국제출원특허와 같은 방법에 의해 분석할 수 있다. 지금까지 이 절에서는 특허 데이터로부터 기술 네트워크를 구축하기 위하여 국제출원, 미국, 그리고 유럽의 SSR 관련 특허문서를 수집하여 R을 이용하여 분석하였다. 이 절의 사례연구에 대한 좀 더 자세한 결과를 확인하기 위해서는 다음의 논문을 참조하면 될 것이다.

S. Jun, (2012) "Technology network model using bipartite social network analysis," Communications in Computer and Information Science, Springer, Vol. 340, pp. 28-35.

이 논문은 이 장에서 나타내는 결과뿐만 아니라 사회네트워크분석을 이용하여 기술 네트워크를 구축해 가는 이론적 내용도 다루고 있다. 특히 논문에서 제공하는 방법론을 자신의 관심 기술분야에 적용해 볼 수 있을 것이다.

연습문제 해답

제1장 기술예측소개

1. 델파이
2. 장점 – 객관적인 기술예측 결과를 얻을 수 있다.
   단진 – 결과에 대한 해식에서 진문가의 도움이 필요하다.
3. 장점 – 현실성이 반영된 기술예측의 결과를 기대할 수 있다.
   단점 – 기술예측의 결과에 대한 편차가 발생하고, 결과가 주관적일 수 있다.
4. 시나리오분석 (정성적 기술예측) + 논문분석 (정량적 기술예측)
   즉, 해당기술 관련 발표논문들을 검색하여 이에 대한 분석 결과를 이용하여 시나리오 분석을 실시한다.

제2장 특허와 특허분석

1. A. 발명의 명칭 : 발명의 간단한 명칭을 표시
   B. 발명의 상세 설명: 발명이 속하는 기술분야에서 통상의 지식을 가진 자가 용이하게 실시할 수 있을 정도로 발명을 상세히 기재
   C. 특허청구범위: 특허의 권리사항이 기재

D. 요약서: 명세서의 서지기능

2. KIPRIS(Korea Intellectual Property Rights Information Service)는 한국특허정보원에서 산업재산권(상표, 실용, 디자인, 특허)에 관한 정보를 데이터베이스화하여 무료로 검색이 가능하도록 한 국내 최대의 특허전문 검색 사이트WIPSON은 온라인 특허검색서비스를 유료로 제공하는 특허검색사이트(http://www.wipson.com)로 국내 특허 및 실용신안뿐 아니라 미국, 유럽, 일본, 중국 등 전세계 국가의 지식재산권 정보를 제공하며 일본특허의 경우 전문 번역이 제공됨

3. (삼성전자+samsungelectronics+samsung전자+삼성electronics)*(플렉서블+플렉시블+플랙시블+후렉시볼+프렉시블+후렉스블+휘어지는+구부러지는+유연한+flexible+flexibility)*(디스플레이+디스플래이+디즈플레이+display)

4. ((엘지 or LG) adj (전자 or electronics)) and (스마트* or smart*)

5. A. 적절한 검색식 작성을 통하여 특허 DB에서 특허검색

B. 텍스트마이닝 툴을 이용하여 문서속에 있는 단어들에 대하여 Text Corpus & Passing 실시

C. 특허-단어 데이터 행렬 구축

D. 구축된 행렬에 대하여 통계, 기계학습, 패턴인식 등의 방법으로 특허 분석

6. 단어들로 데이터 행렬을 만들면 대부분의 행렬 내의 셀들은 출현 횟수가 '0'이 된다. 이러한 상황에서는 특허분석 방법을 이용하여 특허분석을 실시하면 희소성의 문제로 인하여 적절한 분석결과가 나오지 않는다. 이러한 문제를 해결하기 위해서는 PCA를 이용하여 차원축소를 실시하여야 한다.

제3장 기술예측기법

1. 가장 큰 실루엣 측도 값을 갖는 군집수를 최적 군집수로 결정한다.

2. 자기조직화지도

3. A. 전체기술의 개발과정에서 기술1과 기술2가 동시에 개발될 확률은 0.2이다.

   B. 기술1이 개발된 후에 기술2가 개발될 확률은 0.8이다.

   C. 기술1과 기술2는 서로 독립된 기술이다. 즉, 두 기술은 서로 연관성이 전혀 없다.

4. 사전에 결정된 임계값보다 작은 범위에서 군집평균의 갱신이 이루어질 때 군집화가 멈춘다.

5. 키워드, IPC코드, 특허군집, 개별특허, …

참고문헌

김진경, 박진호, 박헌진, 이재준, 전홍석, 황진수, (2011) 통계학: 엑셀을 이용한 분석 -개정판, 자유아카데미

박용태, (2007) 차세대 기술혁신을 위한 기술지식경영, 생능출판사.

박우희, (2001) 기술경제학개론, 서울대학교 출판부.

특허청 정보기획팀, (2007) 특허와 정보분석 개정판, 성민.

허명회, (2010) R을 활용한 사회네트워크분석 입문, 자유아카데미.

Agrawal, R., Imielinski, T., Swami, A., (1993) "Mining Association Rules between Sets of Items in Large Databases," Proceedings of the 1993 ACM SIGMOD International Conference on Management of Data, pp. 207-216.

Bengisu, Z., Nekhili, R., (2006) "Forecasting emerging technologies with the aid of science and technology databases,"Technological Forecasting and Social Change, Vol. 73, No. 7, pp. 835-844.

Ben-Hur, A., Horn, D., Siegelmann, H. T., and Vapnik, V. (2001), "Support Vector Clustering", Journal of Machine Learning Research, Vol. 2, pp. 125-137.

Bowerman, B. L., O'Connell, R. T., Koehler, A. B., (2005) Forecasting, Time Series, and Regression, An Applied Approach, Brooks/Cole.

Camus, C., Brancaleon, R., (2003) "Intellectual assets management: from patents to knowledge," World Patent Information, Vol. 25, No. 2, pp. 155-159.

Chatratana, S., (2009) "Keynote: Management of technology," Proceedings of ECTI-CON 6th International Conference on Electrical Engineering, Electronics, Computer, Telecommunications and Information Technology, Vol. 2, pp. xxxv-xxxvi.

Coates, V., Farooque, M., Klavans, R., Lapid, K., Linstone, H. A., Pistorius, C., Porter, A. L., (2001) "On the future of technological forecasting," Technological Forecasting and Social Change, Vol. 67, pp. 1-17.

Cyert, R. M., Kumar, P., (1994) "Technology Management and the Future," IEEE Transactions on Engineering Management, Vol. 41, No. 4, pp. 333-334.

Ernst, H., (2001) "Patent applications and subsequent changes of performance: evidence from time-series cross-section analyses on the firm level," Research Policy, Vol. 30, pp. 143-157.

Everitt, B. S., Landau, S., Leese, M., (2001) Cluster Analysis, fourth edition, Apnold.

Fattori, M., Pedrazzi, G., Turra, R., (2003) "Text mining applied to patent mapping: a practical business case," World Patent Information, Vol. 25, pp. 335-342.

Feinerer, I., Hornik, K., Meyer, D., (2008) Text mining infrastructure in R. Journal of Statistical Software, Vol. 25, No. 5, pp. 1-54.

Feinerer, I., Hornik, K., (2013) Package 'tm', Text Mining Package, R Project CRAN.

Giudici, P., (2003) Applied Data Mining, Wiley.

Glenn, J. C., Gordon, T. J., (2003) Futures Research Methodology, American Council for UNU.

Han, J., Kamber, M.,(2005) Data Mining: Concepts and Techniques, Morgan Kaufmann.

Hahsler, M., Buchta, C., Gruen, B, Hornik, K., (2013) Package 'arules', CRAN R-Project.

Heller, K. A., Ghahramani, Z., (2005) "Bayesian hierarchical clustering," Proceedings of the 22nd International Conference on Machine Learning, pp. 1-12.

Hua, Z., Yang, J., Coulibaly, S., Zhang, B., (2006) "Integration TRIZ with problem-solving tools: a literature review from 1995 to 2006," International Journal of Business Innovation and Research, Vol. 1, No. 1-2, pp. 111-128.

Hunt, D., Nguyen, L., Rodgers, M., (2007) Patent Searching Tools & Techniques, Wiley.

Indukuri, K. V., Mirajkar, P., Sureka, A., (2008) "An Algorithm for Classifying Articles and Patent Documents Using Link Structure," Proceedings of International Conference on Web-Age Information Management, pp. 203-210.

IPC, (2012) International Patent Classification (IPC), World Intellectual Property Organization (WIPO), www.wipo.int/classifications/ipc/en/.

Johnson, R. A., Wichern, D. W., (1992) Applied Multivariate Statistical Analysis, Third Edition, Prentice Hall.

Jun, S., (2011a) "IPC Code Analysis of Patent Documents Using Association Rules and Maps-Patent Analysis of Database Technology," Communications in Computer and Information Science, Vol. 258, pp. 21-30.

Jun, S., (2011b) "A Forecasting Model for Technological Trend Using Unsupervised Learning," Communications in Computer and Information Science, Vol. 258, pp. 51-60.

Jun, S., (2011c) "Vacant Technology Forecasting using Ensemble Model," Journal of Korean Institute of Intelligent Systems, vol. 21, no. 3, pp. 341-346.

Jun, S., Park, S., Shin, Y., Jang, D., Chung, H., (2010) "Forecasting Vacant Technology of Patent Analysis System using Self Organizing Map and Matrix Analysis," Journal of the Korea Contents Association, Vol. 10, No. 2, pp. 462-480.

Jun, S., Uhm, D., (2010) "Patent and Statistics, What's the connection?" Communications of the Korea Statistical Society, Vol. 17, No. 2, pp. 205-222.

Jun, S.,(2012a) "Central technology forecasting using social network analysis," Communications in Computer and Information Science, Springer, Vol. 340, pp. 1-8.

Jun, S.,(2012b) "Technology network model using bipartite social network analysis," Communications in Computer and Information Science, Springer, Vol. 340, pp. 28-35.

Jun, S., Park, S., Jang, D., (2012c) "Technology Forecasting using Matrix Map and Patent Clustering," Industrial Management & Data Systems, Vol. 112, Iss. 5, pp. 786-807.

Jun, S., Park, S., (2013) "Examining technological innovation of Apple using patent analysis," Industrial Management & Data Systems, Vol. 113, Iss. 6, pp. 890-907.

Kasravi, K., Risov, M., (2007) "Patent Mining - Discover y of Business Value from Patent Repositories," Proceedings of 40th Annual Hawaii International Conference on System Sciences, pp. 54-54.

KIPRIS, (2013) Korea Intellectual Property Rights Information Service, www.kipris.or.kr.

Kohonen, T., (1982) "Self-organized information of topologically correct feature maps," Biological Cybernetics, Vol. 43, pp. 59-69.

Kohonen, T., (2001) Self-Organizing Maps, third edition, Springer.

Kostoff, R., Toothman, D., Eberhart, H., Humenik, J., (2001) "Text mining using database tomography and bibliometrics: a review," Technological Forecasting and Social Change, Vol. 68, pp. 223-252.

Lee, S., Yoon, B., Park, Y., (2009) "An approach to discovering new technology opportunities: Keywords-based patent map approach," technovation, Vol. 29, pp. 481-497.

Lemos, A. D., Porto, A. C., (1998) "Technological forecasting techniques and competitive intelligence: tools for improving the innovation process," Industrial Management & Data Systems, Vol. 98,Iss. 7, pp. 330-337.

Lerner, J., (1994) "The importance of patent scope: an empirical analysis," RAND Journal of Economics, Vol. 25, pp. 319-332.

Liang, Y., Tan, R., Ma, J., (2008) "Patent analysis with text mining for TRIZ," Proceedings of International Conference on Management of Innovation and Technology, pp. 1147-1151.

Liu, N., Lu, M., (2011) "A Morphology Method for Determining the Number of Clusters Present in Spectral Co-clustering Documents and Words," Lecture Notes in Computer Science, Vol. 7033, pp. 130-141.

Longman, (1991) Dictionary of Contemporary English – New Edition, Longman Group UK Limited.

Losiewicz, P., Oard, D. W., Kostoff, R. N., (2000) "Textual Data Mining to Support Science and Technology Management," Journal of Intelligent Information Systems, Vol. 15, pp. 99-119.

Maechler, M, (2013) Package 'cluster', CRAN R-Project.

Mann, D. L., (2003) "Better technology forecasting using systemic innovation methods," Technological Forecasting and Social Change, Vol. 70, pp. 779-795.

Martino, J. P., (1980) "Technology forecasting-An overview," Management Science, Vol. 26, No. 1, pp. 28-33.

McDermott, C. M., Kang, H., Walsh, S.,(2001) "A Framework for Technology Management in Services," IEEE Transactions on Engineering Management, Vol. 48, No. 3, pp. 333-341.

Metaxiotis, K., Psarras, J., (2003) "Expert systems in business: applications and future directions for the operations researcher," Industrial Management & Data Systems, Vol. 103, No. 5, pp. 361-368.

Milligan, G. W., Cooper, M. C., (1985) "An examination of procedures for determining the number of clusters in a data set," Psychometrika, Vol. 50, pp. 159-179.

Mitchell, V. W., (1992) "Using Delphi to Forecast in New Technology Industries," Marketing Intelligence & Planning, Vol. 10, Iss.2, pp. 4-9.

Mishra, S., Deshmukh, S. G., Vrat, P., (2002) "Matching of technological forecasting technique to a technology," Technological Forecasting and Social Change, Vol. 69, pp. 1-27.

Morris, S., DeYong, C., Wu, Z., Salman, S., Yemenu, D., (2002) "DIVA: a visualization system for exploring documents databases for technology forecasting," Computers & Industrial Engineering, Vol. 43, No. 4, pp. 841-862.

Phaal, R., Farrukh, C. J. P., Probert, D.R., (2000) "Tools for technology management-structure, organisation and integration," Proceedings of the IEEE International Conference on Management of Innovation and Technology, Vol. 1, pp. 224-229.

R Development Core Team,(2011) R: A language and environment for statistical computing, R Foundation for Statistical Computing, Vienna, Austria. ISBN 3-900051-07-0, URL http://www.R-project.org/.

Roper, A. T., Cunningham, S. W., Porter, A. L., Mason, T. W., Rossini F. A. Banks J., (2011) Forecasting and Management of Technology, Wiley.

Ross, S. M., (2009) Introduction to Probability and Statistics for Engineers and Scientists, Elsevier.

Rousseeuw, P. J., (1987) "Silhouettes: a graphical aid to the interpretation and validation of cluster analysis," Journal of Computational and Applied Mathematics, Vol. 20, pp. 53-65.

Scott, J. G. (2012) Social Network Analysis, third edition, SAGE.

Shane, S., (2001) "Technological opportunities and new firm creation," Management Science, Vol. 7, pp. 205-220.

Stembridge, B.,Corish, B., (2004) "Patent data mining and effective patent portfolio management," Intellectual Asset Management, pp. 30-35.

Thumm, N., (2001) "Management of Intellectual Property Rights in European Biotechnology Firms," Technological Forecasting and Social Change, Vol. 67, Iss. 2-3, pp. 259-272.

Travers, J., Milgram, S., (1969) "An experimental Study of the small world problem," Sociometry, Vol. 32, No. 4, pp. 425-443.

Tseng, Y., Juang, D., Wang, Y., Lin, C., (2005) "Text mining for patent map analysis," Proceedings of IACIS Pacific Conference, pp. 1109-1116.

Tseng, Y., Lin, C., Lin, Y., (2007) "Text mining techniques for patent analysis," Information Processing and Management, Vol. 43, No. 5, pp. 1216-1247.

USPTO, (2012) The United States Patent and Trademark Office, http://www.uspto.gov.

Wasserman, S., Faust, K. (1994) Social Network Analysis: Methods and Applications (Structural Analysis in the Social Sciences), Cambridge University Press.

WIPO,(2012)World Intellectual Property Organization, www.wipo.org.

WIPSON, (2013) Wips On, http://www.wipson.com.

Witten, I. H., Frank, E., (2005) Data Mining Practical Machine Learning Tools and Techniques, Morgan Kaufmann.

Woundenberg, F., (1991) "An evaluation of Delphi," Technological Forecasting and Social Change, Vol. 40, pp. 131-150.

Yoon, B., Lee, S., (2008) "Patent Analysis for Technology Forecasting: Sector-specific Applications," Proceedings of International Conference on Engineering Management, pp. 1-5.

Yoon, B., Park, Y., (2007) "Development of New Technology Forecasting Algorithm: Hybrid Approach for Morphology Analysis and Conjoint Analysis of Patent Information," IEEE Transactions on Engineering Management, Vol. 54, No. 3, pp. 588-599.

Yun, Y. C., Jeong, G. H., Kim, S. H., (1991) "A Delphi technology forecasting approach using a semi-Markov concept," Technological Forecasting and Social Change, Vol. 40, pp. 273-287.

Vapnik, V., (1998) Statistical Learning Theory. Wiley

Zhu, D., Porter, A. L., (2002) "Automated extraction and visualization of information for technological intelligence and forecasting," Technological Forecasting and Social Change, Vol. 69, pp. 495-506.

찾아보기

| K |

| L |

| M |

| O |

| P |

| Q |

| R |

| S |

| T |

전성해

- 현, 청주대학교 통계학과 부교수
- 인하대학교 통계학과 이학박사
- 서강대학교 컴퓨터공학과 공학박사
- 고려대학교 정보경영공학과 공학박사
- 효성그룹 전자연구소 연구원
- NCR Korea 데이터마이닝 컨설턴트
- 미국 오클라호마 주립대학교 통계학과 방문학자(visiting scholar)

박상성

- 현, 고려대학교 산업경영공학과 연구교수
- 고려대학교 산업공학과 공학박사
- (주) 동서개발 전략기획팀 팀장
- 한국생산성본부 PMS 인증전문가

장동식

- 현, 고려대학교 산업경영공학부 교수
- Texas A&M 산업공학과 공학박사
- 고려대학교 공과대학장 역임
- 워싱턴주립대학교 전자공학과 객원교수
- 국방부 전력소요검증위원회 위원
- CPIS 편집국 편집위원
- 특허청 특허교육사업 운영위원

특허분석과 기술예측

초판 발행 2014년 2월 20일
초판 2쇄 발행 2022년 9월 5일

지은이 전성해 · 박상성 · 장동식

펴낸이 오판근
펴낸곳 (주) 교우
주 소 서울시 동대문구 약령시로 8 교우빌딩 2층 (주)교우
전 화 02-925-2861 / **팩 스** 02-925-2860, **편집부** 02-925-2825
홈페이지&북스토어 www.kyowoo.co.kr / **이메일** kyowoo@kyowoo.co.kr

등 록 1994년 3월 24일 제1994-000013호
ISBN 979-11-251-0017-1 (93530)

Published by Kyowoo Co., Ltd. Printed in Korea

값 16,000원

교우미디어는 (주) 교우의 Imprint 사입니다.
수학정원 · 과학정원은 (주) 교우의 새로운 브랜드명입니다.

잘못된 책은 구입하신 서점에서 교환해 드립니다.